Bibliografische Information der Deutschen Nationalbibliothek:
Die Deutsche Nationalbibliothek verzeichnet diese Publikation
in der Deutschen Nationalbibliografie; detaillierte bibliografische
Daten sind im Internet über www.dnb.de abrufbar.


oekom – Gesellschaft für ökologische Kommunikation mbH
Waltherstraße 29, 80337 München

Lektorat: Elke Rothe, Melanie Krötz
Layout und Satz: Markus Miller
Korrektur: Maike Specht
Umschlaggestaltung: Mirjam Höschl
Umschlagabbildung: © stock.adobe.com, iracosma
Druck: Elanders GmbH, Waiblingen


ISBN 978-3-96238-391-6

MIX
Papier
FSC FSC® C016368

Klimaneutral
Verlag
ClimatePartner.com/53585-1805-1001

Michael Adler

# Klimaschutz ist Menschenschutz

## Warum wir über die Klimakrise anders sprechen müssen

oekom

Für Leonie und Sophie

# INHALTSVERZEICHNIS

»Man wird Dinge niemals verändern, wenn man gegen die existierende Realität ankämpft. Um wirklich etwas zu verändern, muss man ein neues Modell schaffen, welches das alte Modell überflüssig macht.«

**Buckminster Fuller**

VORWORT

# Nachhaltigkeit sollte die Party sein, die ausverkauft ist

Der Tag, an dem der Menschheit die Schönheit und die Verletzlichkeit ihres Blauen Planeten Erde erstmals bildlich klar wurden, datiert aus dem Jahr 1968. An Heiligabend umkreiste das US-amerikanische Raumschiff »Apollo 8« erstmals den Mond. Der Anblick der Erde aus dem schwarzen All gilt als Kipppunkt, als Tipping Point, der menschlichen Wahrnehmung unseres Heimatplaneten. Gegen 17 Uhr mitteleuropäischer Zeit sahen die drei Astronauten James Lovell, Frank Borman und William Anders die halb angestrahlte Erdkugel über der grauen Mondoberfläche aufgehen. Die Bordaufzeichnungen dokumentieren, wie begeistert und emotional überwältigt die Astronauten von diesem Anblick waren. »Oh, mein Gott! Seht euch dieses Bild da an! Hier geht die Erde auf. Wow, ist das schön!«

Es beginnt eine hektische Suche nach einem Farbfilm. Die Astronauten witzeln noch, dass sie nicht hier oben seien, um zu fotografieren. Aber die nüchtern denkenden und rationalen Raumfahrer sind vollkommen begeistert von diesem Anblick der blau leuchtenden Erde im pechschwarzen All. Später am Tag lesen die Astronauten noch aus der Genesis, der Schöpfungsgeschichte in der Bibel, vor. Es ist ein Moment für die Ewigkeit. Festgehalten auf einem Ektachrome-Farbfilm von Kodak. An Heiligabend zum ersten Mal in der Menschheitsgeschichte die Erde aus dem All als unser fragiles Zuhause in einem lebensfeindlichen, leeren Umfeld zu sehen und in der Bibel die Worte »Am Anfang schuf Gott …« zu lesen, das ist bestes Storytelling, egal, ob man im christlichen Sinne religiös ist oder nicht. Viele sagen, dass hier der Ausgangspunkt für die Erzählung der Umweltbewegung liegt: Die Menschheit hat erstmals gesehen und begriffen, wie wertvoll, wie einzigartig der Planet Erde ist.[1]

1989 habe ich meinen ersten Artikel zum Klima für den *Vorwärts*, die Parteizeitung der SPD, geschrieben. Überschrieben war er mit »Der

Himmel als Müllkippe«. Damals sprach man noch von einer Klimakatastrophe. Ozonloch und Klima wurden noch in einen Topf geworfen. Aber schon in diesem Artikel habe ich, angeregt durch die Diskussionen damals, vom 1,5-Grad-Ziel geschrieben und von der Dringlichkeit des Handelns. Und von da an hat mich das Thema nie mehr losgelassen. Ich fand meinen Weg von der SPD zur Szene der nachhaltigen Umweltverbände. Über 20 Jahre war ich Chefredakteur der *fairkehr*, des Mitgliedermagazins des ökologisch orientierten Verkehrsclubs Deutschland (VCD). Nach wie vor halte ich die engagierte Bewusstseinsarbeit der NGO-Szene für sehr wichtig. Die weltweite Umweltbewegung steht auf diesen Fundamenten. Aber sie – und damit auch ich – blieb eben doch weitgehend in ihrer engagierten Nische.

Ich wollte eine breitere Wirkung erzielen, möglichst viele, im Idealfall die Mehrheit der Menschen erreichen. Dazu sind nach meiner Erfahrung andere Kommunikationswege nötig. Das war der Anlass, meine Agentur *tippingpoints* zu gründen. Der Name ist wohlüberlegt. Wir suchen die gesellschaftlichen und kulturellen Kipppunkte. In der Klimakrise sind die »Tipping Points« die »Punkte ohne Wiederkehr«. Hier kippt der Golfstrom, hier schmilzt das Grönlandeis. Die gesellschaftlichen Tipping Points markieren hingegen Punkte, an denen eine Kultur, die immer weiter Bestand zu haben schien, plötzlich kippt. Das Rauchen in öffentlichen Räumen war so ein Tipping Point. Oder jetzt ist es in vielen urbanen Räumen der Ersatz des Sportwagens durch das Rennrad als cooles Fortbewegungsmittel bei jungen Männern. Wir wollen die nachhaltigen Kräfte mobilisieren und damit Prozesse verändern, die schon seit Langem in die falsche Richtung laufen. Worte können die Welt verändern. Mit gut gemachter Kommunikation können wir unseren verschwenderischen Lebensstil kippen. Und so einen Beitrag zum Menschenschutz leisten, einen Beitrag, die Klimaerhitzung noch einzudämmen.

Dazu brauchen wir Geschichten. Menschen lieben Geschichten. Die Social-Media-Welt ist voll davon. Wir können uns Geschichten einfach besser merken als Fakten. Wir können sie uns merken, weil sie uns emotional berühren. Die Menschen haben sich immer Geschichten erzählt: ob Bibel oder Koran, die Odyssee, Grimms Märchen – alles Sammlungen von

Geschichten. Storys in Instagram, LinkedIn, Twitter, Memes, YouTube-Spots sind eine moderne Version davon. Menschen handeln nur, wenn sie ein Ziel vor Augen haben, für das sich Anstrengung lohnt. Deshalb können Geschichten, die Visionen enthalten, eine Motivation für entsprechendes Handeln sein. Maren Urner, eine junge Neurowissenschaftlerin, hat ein Buch geschrieben mit dem Titel »Schluss mit dem täglichen Weltuntergang«. Auch sie als Hirnforscherin sagt sinngemäß: Du brauchst das verheißene Land, das motivierende Ziel, und der Weg dahin sollte möglichst einfach beschrieben werden. Damit die Vorstellung, diesen Weg zu gehen, nicht abschreckt. Wir sollten ihn gemeinsam mit anderen gehen, weil wir ein Herdengen in uns tragen. Denn allein zu gehen war in früheren Zeiten lebensgefährlich. Und auf dem Weg sollten wir gelegentlich feiern und Spaß haben. Ed Gillespie, ein britischer Zukunftsforscher, hat es so formuliert: »Nachhaltigkeit muss die Party in der Stadt sein, die ausverkauft ist.«[2]

## Wir haben keine Chance, also nutzen wir sie

Wenn ich auf die Veränderungen schaue, die notwendig sind, um unseren Planeten wieder in ein für Menschen geeignetes nachhaltiges Gleichgewicht zu bringen, liegt es nahe zu resignieren. Aber ich verfahre nach dem Motto: Wir haben keine Chance, also nutzen wir sie.

Warum ich zuversichtlich bin, dass wir die Kurve noch kriegen? Nun, ich glaube an die Idee der Tipping Points, wie der amerikanische Publizist Malcolm Gladwell sie in seinem Buch *The Tipping Point* beschrieben hat. Gladwell und andere Fachleute aus Kultur- und Sozialwissenschaft haben einige wesentliche Erfolgskriterien für Veränderungen ermittelt. Auch Gesellschaften sind komplexe Systeme. Wie verbreiten sich wichtige Botschaften in einer relevanten Bevölkerungsgruppe, was muss geschehen, damit ein Trend größer und größer wird? Darüber hinaus haben diese Expert:innen Kommunikationsregeln aufgestellt, die dazu führen, dass eine Botschaft für Menschen relevant wird. Ich will einige davon in diesem Buch beschreiben.[3]

Und ich bin zuversichtlich, dass die Idee einer besseren Welt, von *desirable futures*, grundsätzlich eine »Gewinnerstory« ist. Die Kriterien für eine Welt im Gleichgewicht sind weitgehend Konsens: Gerecht soll sie sein, natürlich, solidarisch, durchaus technisch – aber eben nicht als Selbstzweck –, ökologisch nachhaltig und intelligent. Und friedlich muss sie sein, das wird uns heute besonders bewusst.

Johan Rockström, der die planetaren Grenzen ermittelt hat und heute Direktor des Potsdam Instituts für Klimafolgenforschung (PIK) ist, sagte kürzlich zusammengefasst in einem Interview:

> »Ich bin 100 Prozent davon überzeugt, dass wir das Gewinner-Narrativ haben. Wir sitzen auf der Gewinner-Story. Unsere Geschichte gibt der Menschheit multiple Vorteile: Gesundheit, Arbeitsplätze, Sicherheit, Würde. Und jeder Fortschritt, den wir machen, zählt. Jeder Fortschritt macht das Leben unserer Kinder und Enkelkinder besser. Ich sehe also überhaupt keinen Grund aufzugeben.«[4]

KAPITEL 1

# Warum?

## Wir brauchen Kommunikation, um den Pfad der Klimakatastrophe zu verlassen

»Das Reden über Probleme schafft Probleme.
Das Reden über Lösungen schafft Lösungen.«
**Steve de Shazer**

**Wir müssen reden über *desirable futures*, über eine Welt, die wir haben wollen.**
»Zukunftskunst« oder *desirable futures* – die Menschen brauchen eine neue Erzählung zur Klimaerhitzung. Weg von den Katastrophen, der Problemfixierung, hin zu den Lösungen, den positiven Emotionen, die besondere Leistungen erst möglich machen. Und wir werden herausragende Leistungen brauchen, nicht nur in Wissenschaft und Technik, sondern auch in der Kommunikation der Veränderung. Fachleute, die sich mit der Psyche, speziell dem Verhalten von Menschen, auskennen, werden ebenso dringend gebraucht wie Politikerinnen und Politiker sowie andere wichtige Bestimmer:innen des öffentlichen Diskurses. Die Menschen haben die Klimaerhitzung ausgelöst, sie allein sind in der Lage, den Pfad in eine Katastrophe zu verlassen – für eine begehrenswerte Zukunft, in der wir selbst oder unsere Kinder und Enkel gerne leben wollen.

Sprechen wir von Menschenschutz, Erdschutz oder Weltschutz, nicht von Klimaschutz. Dann wird klarer, was es zu schützen gilt: unseren Planeten, unsere Welt, in der wir als Menschheit gut leben könnten. Und es geht um uns als Menschen, die auf die durchschnittlich 14 bis 15 Grad auf der Erde evolutionär eingestellt sind.

Es kommt auf die Worte an. Sie erzählen uns eine Geschichte. Sie sagen uns, worum es geht, wer etwas tun muss und mit welchem Ziel. Ich habe mein Buch in acht Kapitel gegliedert. Ich folge dabei der Philosophie des »Konstruktiven Journalismus«.[5]

In groben Zügen ist diese Form des Journalismus lösungsorientiert, ohne die existierenden Probleme zu verschweigen. Die Recherche bleibt allerdings nicht bei der Status-quo-Analyse stehen. Vielmehr fragt der/die »konstruktive Journalist:in« nach dem »Wofür?« und dem »Was jetzt?«. Also danach, wie ein Problem in der Zukunft gelöst werden kann, wohin uns diese Lösung führen kann und was dafür jetzt zu tun ist, damit wir zu dieser Lösung kommen.

Ich beantworte im vorliegenden Buch folgende Fragen: Warum braucht es dieses Buch? Weil ich Kommunikation für ein wichtiges Element in der Transformation zur Nachhaltigkeit halte und weil die zwischenmenschliche Kommunikation bisher unterbelichtet ist. Dann ordne ich die Größe der Aufgabe ein. Worum geht es eigentlich? Wie groß ist die Aufgabe, die Klimaerhitzung zu stoppen oder die planetaren Grenzen zu respektieren?

Wir haben auch bisher zu diesen Themen kommuniziert. Aber wie haben wir dies getan? Was funktioniert daran nicht? Wo wurden wir manipuliert? Was sind die Fallen der bisherigen Klimakommunikation?

Urheber des Ungleichgewichts, in das unser Planet geraten ist, ist eindeutig der Mensch. Also stellt sich die Frage: Wie kommen wir Menschen endlich ins Handeln? Ins »Umhandeln«? Was bestimmt unser Verhalten, und wie können wir es auf nachhaltig justieren?

Menschen brauchen ein Ziel. Wofür also dieser ganze Aufwand? Wo soll die Reise hingehen? Wir brauchen verheißungsvolle Zukünfte, für die es sich lohnt, sich anzustrengen. Ich will diese *desirable futures* beschreiben.

Und die zweite perspektivische Frage ist die nach den Folgen unserer Erkenntnis: Und was jetzt? Wie müssen wir unsere Kommunikation ändern? Wie sollten wir reden, wie sollten wir Kampagnen anlegen, mit welchen Methoden kommen wir den verheißungsvollen Zukünften näher?

Ich weiß, dass Katastrophenszenarien uns als Menschen eher hilflos machen. Dennoch geht es auch darum, mit Worten Handlungsdruck zu erzeugen. An der einen oder anderen Stelle in diesem Buch werde ich die Größe der Aufgabe deutlich machen. Es geht nicht um einen etwas milderen Winter, es geht auch nicht, wie manche zynisch, flapsig anmerken, um Strandurlaub an der Ostsee vor den Toren Berlins, vielleicht mit ein paar eingewanderten Niederländern. Es geht um nichts Wichtigeres als um das Überleben der Menschheit. Allen Leugnern zum Trotz, auch den von der Ölindustrie bezahlten, sickert die unbequeme Wahrheit langsam in den Mainstream des aufgeklärten Teils der Menschheit. Wir wissen es seit 50 Jahren, und auch die Aufgabe ist seit Jahrzehnten definiert. Die beiden Urdokumente aller Nachhaltigkeitsdiskurse sind der Bericht an den Club of Rome von 1972 und der *Brundtland-Bericht* von 1987.[6] Dessen zentraler Auftrag lautet:

> »Nachhaltige Entwicklung ist eine Entwicklung, die den Bedürfnissen der heutigen Generation entspricht, ohne die Möglichkeiten künftiger Generationen zu gefährden, ihre eigenen Bedürfnisse zu befriedigen und ihren Lebensstil zu wählen.«[7]

Um das zu schaffen, reicht es nicht, wenn wir ein bisschen weniger Auto fahren, nur einmal im Jahr nach Malle fliegen oder unsere Zimmertemperatur um ein Grad absenken. Die ganze Menschheit sollte Ernst machen mit einem Lebensstil, der für unsere Kinder noch etwas übrig lässt vom guten Leben auf diesem einzigartigen Blauen Planeten. Bei allem Ernst der Lage sollten wir aber auf den Spaß nicht verzichten. Sonst werden wir die notwendigen Veränderungen nicht schaffen. Wir sollten es wollen, es gut finden, auch in dieser Veränderung Spaß, Lebenslust, aber auch Ansporn und Herausforderung spüren.

Mir ist bewusst, dass die Verantwortung für diese große Transformation einzelne Menschen überfordern kann, dass wir die Verhältnisse ändern müssen, um ein nachhaltiges Verhalten einfacher, bequemer, letztlich normaler zu machen. Dennoch kommt auf jeden einzelnen Menschen ein guter Teil der Verantwortung zu. Es ist wichtig, wie du individuell lebst, aber vor allem auch was du gesellschaftlich und politisch tust. Die französische Studie »Doing your fair share for the climate?«[8] hat sich mit der Frage beschäftigt, wie die 80 Prozent Treibhausgasreduktion erreicht werden können, die notwendig sind, um auf die als weltverträglich geltenden zwei Tonnen pro Kopf und Jahr zu kommen. Sie haben errechnet, dass nur 20 Prozent der für Frankreich notwendigen $CO_2$-Reduktionen durch individuelle Verhaltensänderungen geschafft werden können. 60 Prozent müssen systemisch in den Industrieprozessen, durch die Steuerungswirkung von klimafreundlichen Subventionen und in den Mechanismen des globalen Marktes reduziert werden.

Da unsere selbst geschaffenen Probleme allerdings aus unserem Denken und Handeln erwachsen, sollten wir auch eine systemische Lösung finden. Und in demokratischen Systemen werden dafür alle Menschen gebraucht, vor allem die, die Systeme formen und am Laufen halten. Politiker:innen, Wirtschaftslenker:innen, Journalist:innen, Lehrer:innen, Wissenschaftler:innen, Handwerker:innen, Künstler:innen, Religionsführer:innen, alle Bürger:innen, Kinder und Alte, kurz, alle Menschen brauchen einen anderen Kompass als bisher.

Dabei stellt sich immer wieder die »Henne-Ei-Frage«. Müssen zuerst die Verhältnisse geändert werden, damit Verhaltensänderung für Individuen einfacher wird. Oder verändern viele Individuen schließlich die Verhältnisse? Die Antwort ist, wir werden beides parallel brauchen, und beides muss ineinandergreifen.

Alle Menschen müssen nicht nur umdenken, sondern auch umhandeln. Doch sie werden dazu nur dann bereit sein, wenn auf sie eine lebenswerte und verheißungsvolle Zukunft wartet. Die Ziele müssen uns begeistern, und es muss sich für uns alle lohnen, dafür unsere ganze Kraft einzusetzen.

## Zukunftskunst und *desirable futures*

Was der Nachhaltigkeitsbewegung fehlt, ist eine *moonlanding speech*, wie John F. Kennedy sie 1962 gehalten hat, als er dieses für die damalige Zeit unglaubliche, mutige und technisch sehr ambitionierte Projekt auf die Tagesordnung gesetzt hat: Am Ende dieses Jahrzehnts werden Amerikaner auf dem Mond stehen. Man kann aus heutiger Sicht streiten, ob es all die Anstrengungen, Ausgaben und Risiken wert war, dass Menschen auf unseren relativ toten Erdtrabanten fliegen. Und das Ganze wurde noch befeuert von der fatalen Systemkonkurrenz mit der Sowjetunion.

Aber was Kennedy 1962 gelang, und darum geht es kommunikativ: Er versetzte Menschen in den USA, aber auch rund um den Globus in eine Begeisterung für diese waghalsige Idee. Viele waren bereit, ihr Bestes zu geben, um diese Herausforderung zu meistern. Und er verknüpfte die Begeisterung mit der Ansage, dass es schwierig werden würde und es gerade deshalb so großartig sei, es zu tun.

»We choose to go to the moon in this decade and do the other things, not because they are easy, but because they are hard.« Frei nach dem Motto: Einfach kann jeder, aber für diese besondere Aufgabe braucht es besonders motivierte Menschen, Intelligenz, Kooperation und Kraft.[9]

Verglichen mit dem globalen Transformationsprozess zur Nachhaltigkeit, war die Mondlandung ein Kinderspiel. Und dennoch brauchen wir ähnliche Mechanismen. Wir brauchen alle Köpfe und Hände dazu, es muss eine Ehre sein, an der wichtigsten Aufgabe der Menschheit zu arbeiten. Wer an die Chance glaubt, das Ruder herumzureißen, der soll bitte seinen Beitrag leisten zu der großen Erzählung. Der soll seinen Beitrag leisten dazu, unser ökonomisches, politisches und kulturelles System von ausbeuterisch in nachhaltig zu verwandeln. Wir suchen die visionäre Geschichte, die uns alle an unserem jeweiligen Platz dazu motiviert, unser Bestes zu geben für eine bessere Zukunft.

Uwe Schneidewind formuliert in seinem Buch *Die große Transformation* den schönen Begriff der »Zukunftskunst«. Er bezeichnet damit die gesamte Mobilisierung technologischer, ökonomischer, institutioneller und kultureller Dynamiken, die notwendig sind, um eine an Nachhaltigkeit orientierte Zivilisation zu schaffen. Die zentrale Botschaft von Schneidewind lautet:

> »Auch wenn Technologien, Geschäftsmodelle und Politik wichtig sind – am Ende verändern Ideen und neue Wertvorstellungen die Welt. Jede große Transformation ist letztlich eine moralische Revolution. Erst in ihrem Windschatten verändern sich Politik, Wirtschaftssysteme, Technologien und Infrastrukturen. Und eines ist klar: Unser heutiges

Wirtschaftssystem ist der in ökonomische Mechanismen und Institutionen gegossene Glaube an unbegrenztes materielles Wachstum. Die Beharrungskraft – auch die ideelle – der gegenwärtigen gesellschaftlichen und ökonomischen Rahmung, innerhalb der die natürlichen Grenzen außer Acht gelassen werden, muss daher eine zentrale Rolle spielen. Ohne eine offensive Debatte über einen ökonomischen ›Great Mindshift‹ (Maja Göpel) und ohne eine Weiterentwicklung des heutigen Wirtschaftssystems werden sich die Umbrüche im 21. Jahrhundert nicht humanitär gestalten lassen.«[10]

Zukunftskunst ist ein sehr guter Begriff, um das zu beschreiben, was wir brauchen. Allerdings hat Schneidewind ein wissenschaftliches Buch geschrieben. Es fehlt darin das in der Kommunikation so wichtige Storytelling. Und es finden sich auch keine Geschichten, die dem »Transformationslaien« verständlich beschreiben würden, was jetzt zu tun ist. Auch keine Hinweise darauf, wie man Menschen im Alltagsleben direkt emotional ansprechen könnte, um das Notwendige zu tun.

Dennoch beschreibt »Zukunftskunst« sehr gut, was ich mit dem vorliegenden Buch erreichen will. Eine neue Erzählung von Erfolg und Gewinn schaffen, eine gesellschaftliche Ordnung und Moral, die nicht die Selbstbereicherung des Einzelnen verklärt unter maximaler Nutzung natürlicher Ressourcen, die unternehmerischen Gewinn mit neuen Key Performance Indicators (KPI) misst, die unsere Städte und Dörfer neu gestaltet, die unsere zwischenmenschlichen Beziehungen auf Empathie und Mitgefühl und nicht auf Konkurrenz begründet. Vielleicht muss man die »Zukunftskunst« konkretisieren mit Begriffen wie »Zukunftswirtschaft«, »Zukunftsstadt«, »Zukunftswerker«, »Zukunftsrat«, »Zukunftsackerbau« und »Zukunftsbildung«. Kunst ist nicht für jede und jeden ein relevanter Begriff, auch wenn Joseph Beuys jeden Menschen als Künstler betrachtete, weil in jedem Menschen die Fähigkeiten zum schöpferischen und kreativen Tätigwerden angelegt seien. Es ist »… die Fähigkeit einer Krankenschwester oder die Fähigkeit eines Landwirtes als gestalterische Potenz«.[11] Relevanz ist allerdings ein wesentlicher Antriebsfaktor bei der Transformation. »Was geht mich das an?« ist eine sehr relevante Frage beim Motivieren von Menschen.

Mathieu Baudin hat einen anderen Versuch gestartet, Zukunft positiv zu gestalten. Baudin hat vor einigen Jahren das Institut des Futurs souhaitables (IFS) in Paris gegründet. Die englische Übersetzung gefällt mir noch besser: Institute for desirable futures. Auf Deutsch haben wir leider nur schwächere Begriffe wie »wünschenswert« oder »angenehm« – »Institut für wünschenswerte Zukünfte«. Hier fehlt leider das leicht obsessive von *desirable*. Baudin und sein kleines Team führen ein multidisziplinäres Bildungsinstitut, in dem Lehrer:innen und Schüler:innen gemeinsam diese begehrenswerten Zukünfte neu erfinden. Ein Beirat von 150 Fachleuten aus Wissenschaft, Wirtschaft, Bildung, Technologie, Kunst, Kultur, Politik, Literatur, Architektur steht dem Institut zur Verfügung. Mit diesen Expertinnen und Experten bietet das IFS Trainings, Workshops, Konferenzen an, in denen die jeweils 20 bis 30 Futuronautinnen und Futuronauten eines Kurses ausgebildet werden. Dies geschieht in neuen Lernformen, die neues Denken zielgerichtet fördern. Die »Zukunftserfinder:innen« kehren mit ihrem umfassenden Wissen und ihrem flexiblen Denken zurück in ihre Institutionen, Unternehmen etc. und wirken dort im Sinne von *desirable futures*. Der Plural ist Baudin übrigens wichtig, weil die Zukunft nie nur eine Richtung kennt, es gibt immer viele Optionen, auch viele gute. Deshalb gibt es beim IFS nicht die eine Zukunft, sondern immer einen bunten Strauß an guten, wünschenswerten, begehrenswerten Wegen in eine bessere Zukunft.[12]

## Vom Klima reden, aber richtig

Der derzeitige politische und gesellschaftliche Diskurs beschreibt die Herausforderung der Klimaerhitzung vor allem als Zumutung, als Kostenfaktor oder ein Leben mit Verzicht. Deshalb beschreibe ich die aktuelle Lage so: Alle reden von Klimaschutz, aber fast alle reden falsch darüber.

Die Zeit ist reif für die Idee einer Kommunikationsstrategie zum großen Wandel, für kluge, motivierende und positive Storys. Erstaunlicherweise fehlt ein solches Buch nach wie vor in der langen Liste der gerade auch aktuell erscheinenden Literatur zur Klimakrise. Der rhetorische Umgang mit der Klimaerhitzung im Bundestagswahlkampf 2021 zeigte, dass die alten Kommunikationsmuster noch wirkmächtig sind. Sobald irgendjemand konkret eine Verhaltensänderung vorschlägt, beispielsweise das Verbot von Kurzstreckenflügen in Deutschland oder ein moderates Tempolimit von 130 km/h auf deutschen Autobahnen, funktionieren die alten Mechanismen sofort, die in diesem Falle die Grünen als Verbotspartei, Freiheitsberauber oder Wohlstandszerstörer diffamieren. Selbst vergleichsweise kleine Werkzeuge der Klimawende wurden in der politischen Empörungskultur des Wahlkampfmodus geschreddert. Benötigt wird also nicht nur ein neues, wissenschaftliches Konzept, wie die große Nachhaltigkeitstransformation gelingen kann, auch ein dazu passendes Kommunikationskonzept ist dringend notwendig.

Kommunikation wird oft unterschätzt in der Debatte um eine Neujustierung unseres Denkens, Fühlens und Handelns. Maja Göpel, Ökonomin und Zukunftsforscherin, hatte die Idee von einem »*great mindshift*«, einem großen Bewusstseinswandel.[13]

Wie bitte soll der gelingen ohne eine durchdachte Kommunikation, die ein neues *wording* und eine offensive Begriffsbesetzung für die große nachhaltige Transformation beinhaltet?

*It's the communication, stupid!* »Es geht um die Kommunikation, Dummkopf!« Bill Clinton stellte sich morgens im Präsidentschaftswahlkampf jeden Morgen vor den Spiegel und sagte laut zu sich selbst: *It's the economy, stupid!* Es geht um die Wirtschaft, Dummkopf! – mit dieser Autosuggestion gewann er schließlich die US-Wahl.

Mein Ziel ist es, die Bedeutung und die Wirksamkeit von Kommunikation für das Gelingen der großen Transformation zu einer nachhaltigen Lebens- und Wirtschaftsweise zu verdeutlichen. Der schlichte Appell, wir müssten, nachdem wir jetzt ja alles wüssten zum Klimawandel, einfach mal alle unser Verhalten ändern, läuft zwangsläufig ins Leere, wenn mich die Botschaft nicht erreicht. Alle naturwissenschaftlichen Forschungen zum Klima haben sich in den vergangenen Jahrzehnten darauf konzentriert, jedes Detail, jeden Zusammenhang der Klimaveränderung und auch ihrer Folgen zu erkunden. Offensichtlich wird erwartet, dass das Wissen quasi automatisch in Handeln mündet. Die Politikerinnen und Politiker wollen uns aus Angst, nicht wiedergewählt zu werden, die »große Transformation« nicht zumuten. Hans Joachim Schellnhuber kommt in seinem umfangreichen Werk *Selbstverbrennung* zu folgendem Schluss: »Wir müssen uns die moralische Verantwortung für die Klimazukunft selbst zumuten, weil die Politik diese uns partout ersparen möchte.«[14]

Und die Kommunikationsbranche? Die hat bisher keinen Auftrag, tätig zu werden. Jedenfalls nicht im Sinne eines *great mindshift*. Bisher setzt sie ihre Werkzeuge zum weit überwiegenden Teil dafür ein, unseren Konsum weiter zu pushen, uns einzureden, dass wir dies noch brauchen und unbedingt dort gewesen sein müssten und dass Wohlstand und Glück direkt mit dem Jahresgehalt, der Größe unseres Autos und geringer Steuerlast korrespondieren. Nur neuerdings ein bisschen grüner.

Es ist hohe Zeit, neu zu denken, neu zu sprechen, neue Emotionen zu wecken. Denn nur wenn wir eine emotional ansprechende Geschichte von der neuen Welt, die uns klimaneutral leben lässt, erzählen, wird diese Welt denkbar. Nur dann können wir uns vorstellen, wie wir anders handeln sollen. Nur dann können wir uns vorstellen, wie wir auf andere Art gut leben können.

## Testfall Corona: Es gibt keine Klimaimpfung.

Die Coronakrise ist der Testfall. Und damit will ich keineswegs zynisch über die vielen Opfer und das ungeheure Leid hinweggehen, das die Pandemie über das globale Dorf gebracht hat. Aber wir können hoffen, dass die Bedrohung durch vergleichsweise einfache Lösungen innerhalb weniger Jahre verschwindet. Warum halte ich also Corona für einen Testfall für die Bewältigung der Klimakrise? Corona kam disruptiv über die Welt und wirkte global. Corona zeigt, wie eng unser Heimatplanet geworden ist, und hat unsere Verletzlichkeit und die Notwendigkeit zur globalen Kooperation deutlich gemacht.

Das Gleiche gilt für die Klimakrise: Es geht uns eben sehr wohl etwas an, wenn in Brasilien der Amazonas brennt und in der Arktis das Eis schmilzt. Die weltweiten Abhängigkeiten hat Corona sehr deutlich gemacht. Doch die Klimakrise ist der Ernstfall. Für das Überleben der Menschheit sind mutige und weitreichende politische Beschlüsse und gesellschaftliche Veränderungen notwendig. Im Unterschied zu Corona geht es hier nicht um kurzfristig wirksame Notfallmaßnahmen.

Es gibt keine Klimaimpfung.

Wenn Politik und Gesellschaft in der Covid-19-Pandemie Maßnahmen ergreifen, zeigen sich Erfolg oder Misserfolg innerhalb von 2–3 Wochen. Bei der Klimakrise geht es um aktuelle Handlungen, deren Wirkungen erst in 10, 20 oder 100 Jahren eintreten.

In der Coronakrise haben wir die Bedrohung genauso wenig gesehen, wie wir sie in der Klimakrise sehen. Der Unterschied: Bei Corona haben wir die Folgen schneller erfahren. Die Leichentransporte durch Bergamo, die verzweifelten Ärztinnen und Pfleger auf den Intensivstationen waren sehr eindrückliche Bilder. Aber Lockdown und Ausgangssperre – und schon das war schwer zu ertragen – haben innerhalb weniger Wochen zu einer Entspannung der Lage geführt. Angesichts der akuten Lebensgefahr haben wir dennoch eine kurzfristige Änderung unserer Lebensweise erduldet.

Und das habe ich aus Corona gelernt: Erstens, hört auf die Wissenschaft. Das unterscheidet uns vom Mittelalter. Wir wissen einfach viel mehr. Wir müssen dieses Wissen dann aber auch wirksam machen und nicht wie Trump Desinfektionsmittel spritzen wollen.

Deshalb zweitens: Politik ist wichtig. Politik ist an Werte, an Menschenrechte, an das Recht, die Verfassung gebunden. Jedenfalls in funktionierenden demokratischen Systemen. Ich glaube bei aller Anstrengung, die das bedeutet, nur an die demokratische Lösung.

Und drittens: Wir müssen mit Unsicherheit leben und zusammenarbeiten. Kein ernst zu nehmender Wissenschaftler verkündet absolute Sicherheit oder Wahrheit. Echte Wissenschaft stellt sich immer wieder selbst infrage, um besser zu werden. Und daher ist Wissenschaft im Kern divers. Es gibt keine chinesische, amerikanische oder deutsche Lösung. Die Menschheit ist zur Zusammenarbeit verdammt – in der Coronapandemie genauso wie in der Klimakrise.

## Klimawissen trifft Steinzeitgehirn

Wir wissen alles und tun nichts. So lässt sich das Dilemma der Menschheit im Umgang mit der Klimakrise kurz zusammenfassen. Dabei ist das Nichtstun keine böswillige, bewusste Ignoranz. Denn im Grunde entspringt unsere abwartende Haltung unseren evolutionär erworbenen Verhaltensmustern. Das kollektive Wissen der Weltgemeinschaft in Sachen Klimakrise, gebündelt in den immer weiter optimierten IPCC-Berichten, trifft auf unser Steinzeitgehirn,[15] das uns wahlweise in Bequemlichkeit verharren, in Angst erstarren oder panisch die Flucht ergreifen lässt.

Wie also lässt sich unser großes kognitives Wissen in präventives Handeln ummünzen? Dazu müssten der riesenhafte innere Schweinehund überwunden, der neuronal ausgetretene Pfad der Routine verlassen oder die zum Glaubenssatz verdichtete Ideologie des unentwegten Wachstums überwunden werden. Jedes für sich genommen eine gigantische psychologische oder soziologische und damit auch kommunikative Neuorientierung des Individuums. Gleichzeitig braucht der änderungswillige Mensch auch Verhältnisse, in denen die neuen Verhaltensweisen gelebt werden können.

Klimawissenschaft kennen wir vor allem als Naturwissenschaft. Physik, Biologie und Chemie erklären uns, wie die Erhitzung zustande kommt und welche Effekte daraus mit hoher naturgesetzlicher Wahrscheinlichkeit resultieren. Und wir benötigen Naturwissenschaften vor allem dazu, um Verfahren und Techniken zu entwickeln, die uns in einer nachhaltigen Welt mit allem Notwendigen versorgen.

Aber wenn es darum geht, Menschen zu erreichen, wenn es um den »großen Haltungswandel« geht, sind andere Wissenschaftszweige gefragt. Das sind Psychologie, Soziologie, Verhaltens- und Kommunikationswissenschaften, die in der Klimakrise bisher kaum eine Rolle spielen.

Warum also noch ein Buch über die Klimakrise?

Weil die Zeit drängt, denn die Klimaerhitzung nimmt weiter zu. Das haben auch 26 Klimagipfel nicht verhindern können. Für mich stellt sich deshalb die Frage, wie wir das, was wir dank Daniel Kahnemann und Richard Thaler über Entscheidungsprozesse und Nudging, das »Schubsen« zu kleinen Verhaltensänderungen, wissen, was Elisabeth Wehling über Framing erforscht hat und Maren Urner über unser Steinzeithirn weiß, nutzbar machen. Und ich will das Know-how meines weltweiten Agenturnetzwerks zu der Frage bündeln, wie sich über Werbung und PR-Maßnahmen menschliches Verhalten nachhaltig beeinflussen lässt.

Kommunikationsexpert:innen aus unserem europäischen Agenturnetzwerk »Do Not Smile«[16] und aus unserem lateinamerikanischen Netzwerk »ati. unión agencias de triple impacto«[17] haben dazu in den letzten Jahren eine Vielzahl an praktischen Erfahrungen gesammelt. So gelangen wir zu sehr zielführenden Antworten auf die Frage, wie wir bei der Bekämpfung der Erderhitzung vom Wissen zum Handeln kommen.

Meine These lautet: indem wir den Weg über das Wollen gehen. Es geht darum, in den Menschen den Willen zu erwecken, unverzüglich zu handeln. Wenn Sie dieses Buch gelesen haben, werden Sie vielleicht auch einiges mehr über die Klimakrise wissen. Aber Sie werden hoffentlich alles tun wollen, um die *desirable futures* möglich zu machen.

KAPITEL 2

# Was? Worum geht es?

## Die Klimakrise ist da. Die Größe der Aufgabe

»Es brennt was, Leute. Und ich glaube, das sind wir!
Es ist an der Zeit, diesen Flächenbrand zu löschen!«
Damla Özlüer

**Wir müssen reden über die Größe des Problems und die Größe der Lösung.**
2021 kann im Rückblick das Jahr werden, in dem die Menschheit eine andere Richtung gewählt hat. Die Belege für die Klimaerhitzung nahmen überhand. Fluten in Deutschland, fast 48 Grad Celsius in Kanada, verheerende Brände in Griechenland und der Türkei, die extremen Wetterereignisse lassen uns im vermeintlich sicheren Teil der Erde spüren, dass die Klimaerhitzung in den gemäßigten Breiten und damit in Deutschland angekommen ist. Der Sechste Sachstandsbericht des IPCC lässt keine Zweifel an der »Ursache Mensch« für diese Entwicklung. Wir wissen, was zu tun ist. Doch wir brauchen dazu weltweite Kooperation. Die gute Nachricht: Der Mensch kann kooperativ sein. Denn nicht zuletzt durch Kooperation ist der Mensch so erfolgreich geworden.

### Es ist Zeit, diesen Flächenbrand zu stoppen!

Eine nachhaltige Lebensweise zu etablieren ist eine gewaltige Aufgabe. Wir werden dazu all unser Wissen, aber auch Leidenschaft, Lust und Enthusiasmus brauchen. Deshalb will ich in diesem Kapitel auch die Größe der Aufgabe verdeutlichen, indem ich eine Situation schildere, die mich fassungslos gemacht hat.

Vor wenigen Wochen traten kleine Flüsse und Bäche wie die Ahr, die Erft, der Swistbach bei mir zu Hause in der Nähe von Bonn in einem ungeahnten Ausmaß über die Ufer. Ich war gerade auf der Rückfahrt von Berlin im Zug, und die Nachrichten in den sozialen Medien und den üblichen Nachrichtentickern überschlugen sich. Unser ICE stoppte in Hamm. Der Zugchef machte die etwas launige Ansage: »Die Bahnhöfe Hagen und Wuppertal sind heute nur noch per Boot erreichbar.« Zu diesem Zeitpunkt war mir das Ausmaß der Zerstörung noch nicht bewusst. Ich denke, dem Zugchef auch nicht. Als ich mit knapp drei Stunden Verspätung in Bonn-Oberkassel ankam, waren die Nachrichten voll von grauenvollen Bildern mit weggeschwemmten Häusern und zerstörten Brücken, die Jahrhunderte ihren Dienst getan hatten. Dörfer an der Ahr, die ich gut kenne, waren plötzlich von der Außenwelt abgeschnitten. Es starben mehr als 200 Menschen, nebenan. Selbst mich, der ich das alles seit Langem kommen sehe, hat das in einen anderen Alarmzustand versetzt. Und das, ohne dass ich persönlich betroffen war oder Menschen persönlich kannte, die gestorben sind.

Bisher war alles, was auf den Malediven oder in Bangladesch passierte, weit weg. Doch plötzlich ist die Klimaerhitzung präsent, direkt vor der eigenen Haustür. Das verändert etwas, habe ich festgestellt. Die Katastrophe gewinnt Relevanz, wenn sie so nahe kommt. Die Frage »Was geht mich das an?« ist plötzlich sehr klar zu beantworten.

Wenige Tage später hatten wir ein Zoom-Meeting mit den Freunden unserer internationalen Agenturkooperation »Do Not Smile« aus ganz Europa und »ati« aus Südamerika. Die Nachricht über die Flutkatastrophe in Deutschland war um die Welt gegangen. Alle erkundigten sich besorgt nach meinem Befinden. Und allen war dieses Erschrecken anzumerken, das mein englischer Freund Steve Connor auf den Punkt brachte: »Dass noch nicht mal die Deutschen in der Lage sind, ihre Häuser und Menschen zu schützen, das macht mir Angst.« Unser Ruf als ausgeprägte und effiziente Sicherheitsfanatiker und Krisenmanager ist draußen in der Welt immer noch weitaus besser, als die Realität zu Hause bei uns das rechtfertigt.

Für Damla Özlüer, eine Agenturkollegin aus der Türkei, war zu diesem Zeitpunkt Armutalan, der kleine Ort ihrer Kindheit an der türkischen Mittelmeerküste, noch sicher. Wenngleich es schon an der einen oder anderen

Stelle brannte. Ich kenne Damla seit vielen Jahren. Sie verfügt über einen sehr scharfen Verstand und eine außergewöhnliche emotionale Intelligenz. Sie mahnt uns immer wieder, in unserem Agenturnetzwerk professionell zu bleiben. »Wir sind keine NGO, wir sind Kommunikationsprofis, vergesst das nicht«, ist ein klassischer Damla-Satz. Und dennoch, angesichts der außer Kontrolle geratenen Flächenbrände, der Bestätigung all unserer Prognosen bezüglich der Klimaerhitzung, rastete die rationale Agenturchefin emotional aus. Es packte sie die nackte Wut über unsere Inkonsequenz. Hier ihr Bericht:

> »Die Flammen tosen, und das Feuer brennt weiter. Solch eine Zerstörung, solch ein Kampf, solch eine zauberhafte Solidarität, solch eine entsetzliche Angst und Wut …Alles schüttet auf uns herab wie aus einem Kübel. Ein Moment, in dem wir festgefroren sind, ein Bewusstseinszustand, der nie wieder vorbeigehen wird.
>
> Ich möchte mein Gehirn auseinandernehmen, die Neuronen neu verdrahten und dieses unbequeme Wissen vergessen. Ich möchte jemandem, irgendjemandem die Schuld für diese Katastrophe geben. Ich möchte sagen, dass es Sabotage war, und jetzt lass es aus und vorbei sein.
>
> Aber ich kann mein Gehirn nicht auseinandernehmen, neu verdrahten und vergessen, was ich bereits weiß. Durch den Klimawandel ist dies unsere neue Normalität. Der Schrecken von neuen Katastrophen, Feuern und Fluten wird folgen. Dieser furchtbare Moment wird nie enden. Das ist keine Voraussage; das ist ein kalter, harter, harscher Fakt. Die Klimakrise ist da.
>
> Es spielt keine Rolle mehr, wer Schuld hat. Jetzt kommt es darauf an, sich anzupassen und zu verändern. Zu überleben. Kein Geschwätz mehr über »nachhaltiges Wachstum« und dafür eine ernst gemeinte Unterhaltung über wirklich nachhaltige Maßstäbe führen. Verkleinerung, weniger Gewinne. Fangen wir mit den $CO_2$-intensiven Industrien an und machen wir weiter, bis wir beim Einzelnen ankommen.
>
> Es brennt was, Leute. Und ich glaube, das sind wir! Es ist an der Zeit, diesen Flächenbrand zu löschen!« *Damla Özlüer*

## Klimaschutz ist menschengemacht

2021 ist das Jahr, in dem sich alles verändert und außer Kontrolle gerät. Die Menschheit befindet sich an einem Tipping Point. Die Klimakrise ist da, vor unserer Haustür. Zumindest im deutschen politischen Diskurs sind mit der Beteiligung der Grünen an der Bundesregierung das Bewusstsein von der Überschreitung unserer planetaren Grenzen, die geopolitisch bedenklichen Abhängigkeiten von fossilen Energielieferanten und die Frage, wie das alles in eine zukunftsfähige Wirtschafts-, Agrar- und Außenpolitik zu integrieren ist, in einer neuen Dimension angekommen. Bei aller Kritik, die die Grünen auch aus den eigenen Reihen immer wieder trifft, wie »zu wenig, zu spät, in der falschen Priorität«, verändert die Beteiligung dieser Partei in Bundes- wie in einigen Landesregierungen das Framing der Gesamtpolitik.

Wir fangen an, auch in Deutschland zu begreifen, dass die Klimaerhitzung nicht nur den Untergang einiger Südseeinseln auslöst. Seien es die bisher niemals vorstellbaren 47,9 Grad Celsius in der kanadischen Kleinstadt Lytton oder die verheerenden Brände in Griechenland und der Türkei oder das sprunghafte Hochwasser kleiner Flüsse und Bäche in Deutschland, die Hitzewelle im Frühjahr 2022 in Indien: Die Zeichen sind so groß, dass man sie als verantwortungsbewusster Mensch nicht mehr übersehen kann. Bezeichnend die Worte von Bundeskanzlerin Merkel angesichts der Verwüstungen in Schuld an der Ahr: »Die deutsche Sprache kennt kaum Worte für diese Zerstörung.«

Kein Politiker, kein Unternehmensführer, kein Lehrer, kein Pfarrer, kein einzelner Bürger oder Bürgerin kann sich mehr rausreden mit »anderswo, später, die Chinesen sollen doch, es ist doch noch nicht bewiesen.«

## Die Klimaerhitzung ist menschengemacht

Der im Juli 2021 veröffentlichte erste Teil des »Sixth Assessment Report« des IPCC, des Weltklimarates, bestätigt diese Tatsache eindeutig. »Es ist seit Jahrzehnten klar, dass das Klima der Erde sich verändert. Und die Rolle des menschlichen Einflusses auf das Klimasystem ist unbestritten. Der neue Report zeigt jetzt auch große Fortschritte in der wissenschaftlichen Zuordnung. Wir verstehen die Rolle des Klimawandels bei der

Intensivierung spezifischer Wetter- und Klimaereignisse wie zum Beispiel extremer Hitzewellen und von Starkregenereignissen«, sagte IPCC Working Group I Co-Chair Valerie Masson-Delmotte bei der Veröffentlichung.[18]

Auch die Folgen dieser Erhitzung sind immer klarer messbar und spürbar, und sie sind zunehmend kleinräumiger vorhersagbar.

Was jetzt noch als zusätzliche Variable ins Spiel kommt, ist die Zeit. Wie lange können wir uns noch erlauben, zwar ganz passable Ziele für 2050 oder 2030 zu formulieren, aber heute erst einmal nichts zu tun? Weil – so ein immer noch vielverbreiteter Glaube – dann irgendeine Wundertechnik das Klimaproblem lösen wird, und wir müssen uns doch nicht ändern.

Um es kurz zu sagen: Das Wunder müsste schnell kommen. Aber Wunder dauern bekanntlich etwas länger. Und die Zeit läuft uns davon. Für das 1,5-Grad-Ziel haben wir bei Erscheinen dieses Buches noch knapp sieben Jahre Zeit und für das 2-Grad-Ziel noch knapp 24 Jahre. Die ablaufende Zeit kann man beim Mercator Research Institute verfolgen.[19]

Für das 1,5-Grad-Ziel, das beim Klimagipfel in Paris 2015 als das anzustrebende Ziel fixiert wurde, darf die Menschheit, von Anfang 2022 an gerechnet, noch rund 320 Gigatonnen $CO_2$ in die Atmosphäre blasen. Der Mercator-Rechner kommt auf durchschnittlich 42 Gigatonnen Emissionen pro Jahr, die die Menschheit durch Verbrennen fossiler Brennstoffe, Industrieprozesse und Landnutzungsveränderungen aktuell verursacht.

## Teil dir deine Klimagase ein

Schauen wir uns die deutschen Zahlen noch etwas genauer an. Oft ist diffus von einer Reduktion der Treibhausgase auf null im Jahr 2050 die Rede. Aber wie genau soll diese Reduktion angesichts des Restbudgets vonstattengehen? Viele würden sagen, lasst uns den $CO_2$-Ausstoß Jahr für Jahr reduzieren, um 2050 bei null anzukommen. Das Ziel ist allerdings ja nicht null Emissionen in 2050, sondern auf dem Weg dorthin so wenig wie möglich weitere Treibhausgase in die Atmosphäre zu blasen. Wie groß ist aber unsere Restmenge an $CO_2$, wenn wir das 1,5- bzw. 2-Grad-Ziel von Paris ernst nehmen?

Diese Rechnung wird öffentlich kaum diskutiert, vielleicht weil das Ergebnis so brutal zum schnellen, drastischen Handeln aufruft.

Klimaforscher sind sich weltweit zu 99 Prozent einig, dass wir ab 2020 noch knapp 400 Gigatonnen $CO_2$ in die Atmosphäre blasen dürfen, wenn wir das 1,5-Grad-Ziel einhalten wollen. Derzeit emittiert die Welt 42 Gigatonnen pro Jahr. Man braucht kein Mathematikstudium, um zu errechnen, dass uns weltweit gut neun Jahre bleiben. Fridays for Future und Greta Thunberg erklären uns Erwachsenen diese an sich einfache Rechnung immer wieder.

Für Deutschland ermittelt Rahmstorf – ausgehend von ebendiesen Zahlen – ein Restbudget von 7,3 Gigatonnen ab Anfang 2019. Um das Pariser Klimaschutzabkommen einzuhalten, müsste Deutschland seine Emissionen jedes Jahr linear um sechs Prozent reduzieren und bis 2036 null Emissionen erreichen.

Eine solche Restbudgetbetrachtung zeigt eines ganz deutlich: Der derzeit überall diskutierte Zeitpunkt, an dem eine Nullemission erreicht sein wird, ist nicht relevant. Entscheidend ist, wie viel $CO_2$ die jeweiligen Länder, Städte oder Unternehmen bis dahin noch in die Atmosphäre blasen werden. Je länger wir also warten, beispielsweise mit einem Tempolimit oder bei der Energieerzeugung, etwa beim Abbagern von Braunkohle durch das RWE in Lützerath, desto schneller müssen wir dann auf null kommen.

Außerdem kommt noch hinzu, dass das hier betrachtete Restbudget von den Entwicklungs- und Schwellenländern, vollkommen nachvollziehbar, als ungerecht bewertet wird. Deutschland hat im vergangenen Jahrhundert in weit höherem Ausmaß die Atmosphäre aufgeheizt, als es ihm aufgrund der Bevölkerungszahl zugestanden hätte. Also nur dann, wenn die anderen Nationen kulanterweise diesen Umstand außer Acht ließen, gelten diese 7,3 Gigatonnen Restbudget ab 2019 für Deutschland.

Kommunikativ sind solche komplexen Zahlenwerke leider kontraproduktiv. Sie erzeugen keine emotionale Betroffenheit und verhindern eher Aktivität, als dass sie als das funktionieren würden, was die Wissenschaft seit Jahrzehnten hofft mit solchen Rechnungen zu erreichen: nämlich einen Aufruf zum schnellen Handeln.

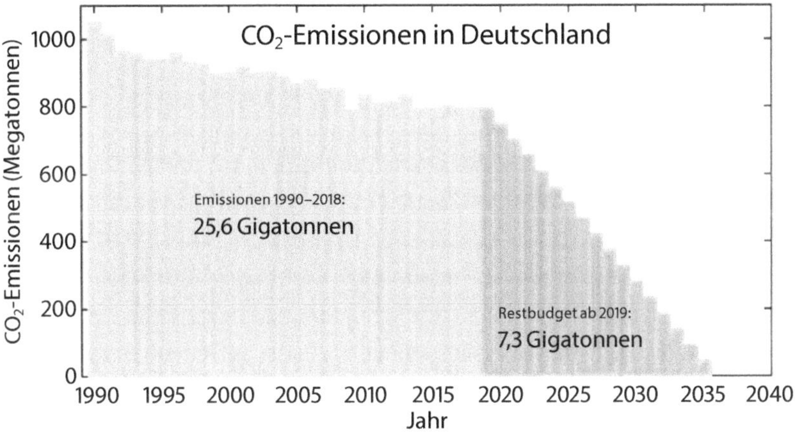


Kohlendioxidausstoß in Deutschland | Grün: Emissionen bis 2018 nach Zahlen des Umweltbundesamtes (für 2018 habe ich denselben Wert wie 2017 veranschlagt, da die Zahl noch nicht veröffentlicht ist). Blau: exemplarische lineare Emissionsminderung, die einem fairen Beitrag Deutschlands zu den Paris-Zielen entsprechen könnte.[20]



## Vier unbequeme Wahrheiten und die Lösung: Kooperation

Um die Dramatik der gegenwärtigen Situation zu begreifen und die umfassende Systemstörung des Ökosystems Erde, die der Mensch durch sein Wirken auslöst, zu erfassen, müssen wir geschichtlich etwas weiter zurückgehen. Ich folge hier der Analyse und Argumentation von Uwe Schneidewind in seinem Buch *Die große Transformation*, gebe sie aber mit meinen eigenen Worten wieder und ergänze sie mit meinen Erfahrungen.

Für ihren Bericht an den Club of Rome von 1972 *Die Grenzen des Wachstums* hatten junge Wissenschaftlerinnen und Wissenschaftler unter Leitung von Donella und Dennis Meadows am Massachusetts Institute for Technology (MIT) mit Computermodellen die kritischen Wachstumspfade der Weltwirtschaft durchgerechnet. Dabei sind sie auf entscheidende Limits gestoßen. Um die Sprengkraft des Berichts aus heutiger Sicht zu begreifen, sollte man sich die Denkweise der frühen Siebzigerjahre in Erinnerung rufen. Die Amerikaner waren gerade das letzte Mal auf dem Mond gelandet, die ersten Atomreaktoren versprachen unbegrenzte Energie. Man träumte von einem technischen Schlaraffenland, alles schien möglich, ohne Limits, Marskolonien inklusive.

In diesen Alles-ist-machbar-Taumel hinein veröffentlichten die jungen Wissenschaftler gewissermaßen den Partykiller. Nicht etwa diese sogenannten Umwelthippies einer neuen Umweltorganisation namens Greenpeace, gegründet ein Jahr zuvor, hatten diesen wachstumspessimistischen Bericht veröffentlicht. Es waren die Spitzen der damaligen Wissenschaft, und es wurde die modernste Technologie verwendet, um Szenarien für die Zukunft zu errechnen. Wie Uwe Schneidewind es treffend formuliert:

»Das bisherige Fortschrittsmodell wurde quasi aus einem der Zentren des Fortschritts kritisiert.«[21]

Wegen einer Erdölknappheit am Weltmarkt im darauffolgenden Jahr wurden die autofreien Sonntage eingeführt. Auch wenn diese künstliche Knappheit vor allem durch Kartellabsprachen innerhalb der OPEC, der Organisation erdölexportierender Länder, zustande kam, wirkten diese Entwicklungen wie eine Bestätigung des Meadows-Berichts.

Die jungen Wissenschaftler:innen am MIT fütterten ihre Computer mit allen vorhandenen Daten zu den folgenden fünf Faktoren: Tempo des Bevölkerungswachstums, Nahrungsmittelproduktion, Industrieproduktion, Ausbeutung nicht erneuerbarer Ressourcen (z. B. fossiler Brennstoffe) durch den Menschen und Entwicklung der Umweltverschmutzung

Ihr Fazit: Wenn es nicht gelingt, alle fünf Faktoren zu begrenzen, wird die Menschheit innerhalb der nächsten 100 Jahre im Kollaps enden.

In den *Grenzen des Wachstums* kommt auch das erste Mal der Begriff »Kipppunkt« vor. Ab einem gewissen Punkt kippen die Kurven aller fünf Faktoren steil ab.

Was Schneidewind mit einem Abstand von fast 50 Jahren analysiert hat und sehr wichtig ist: Die Begrenztheit von Rohstoffen war damals das Problem. Die Forscher am MIT haben die Rohstoffe zu einem wichtigen Ausgangspunkt ihrer Überlegungen gemacht: Sie werden in einem begrenzten System Erde früher oder später verbraucht sein. Unser Problem heute ist der Kollaps der Ökosysteme.

Höhere Rohstoffpreise haben bewirkt, dass die heutigen Autos weniger Treibstoff verbrauchen, obwohl sie doppelt so groß sind. Unsere Häuser sind besser gedämmt, unsere Industrie produziert viel mehr pro eingesetzter Energiemenge. Und wir haben neue Technologien entwickelt, um Erdöl als Schmierstoff dieses fossilen Zeitalters aus den letzten Winkeln der Erde zu kratzen.

Das alles führt dazu, dass wir mit Blick auf klimapolitische Kipppunkte das Erdöl, das wir noch fördern könnten, auf keinen Fall verbrennen dürfen.

Schneidewind benennt »vier unbequeme Wahrheiten«, angelehnt an den Film des ehemaligen Vizepräsidenten der USA, Al Gore. Unerfreulicherweise sind alle krisenhaften planetaren Grenzen, auf die Schneidewind sich bezieht, systemisch. Mit anderen Worten, es gibt nicht die Wunderpille, die Einzelmaßnahme, die das Problem beseitigt, wie etwa beim Ozonloch. Wir brauchen ein anderes System. Wir müssen das System verändern und damit unseren Umgang mit einem begrenzten Planeten, der grenzenloses Wachstum im bisherigen quantitativen Sinne nicht zulässt. Die vier unbequemen Wahrheiten sind:

1. Wir zerstören die ökologischen Systeme, von denen unser Überleben, aber auch das aller anderen Lebewesen auf der Erde abhängt. Die bahnbrechende Forschung zu diesen Limits des Systems Erde wurde im Jahr 2009 von 28 weltweit führenden Wissenschaftlerinnen und Wissenschaftlern unter dem Stichwort *Planetary boundaries*, planetare Grenzen, veröffentlicht. Die kritischen Pfade hier sind die Überhitzung des Planeten durch Klimawandel, die Vernichtung der Biodiversität, die auch in Verbindung steht mit unserer raumgreifenden Land- und Bodennutzung, und der fatale Eintrag von Phosphor und Nitrat, vor allem als Dünger in der Landwirtschaft, in unsere Böden und Gewässer. Insgesamt neun solcher ökologischer Grenzen identifizierten die Forscher um Johan Rockström, der damals am Stockholm Resilience-Centre arbeitete. Wenn diese planetaren Grenzen überschritten werden, gerät das stabile System des Holozän, in dem der Mensch in den vergangenen 10.000 Jahren so erfolgreich zur dominanten Spezies wurde, ins Wanken. Am Beispiel des Klimas sehen wir dieses System durch diverse Tipping Points gefährdet. Wenn die Arktis schmilzt,

wie es jetzt gerade der Fall ist, wird der Abstrahleffekt durch das Eis geringer. Das dunkle Meerwasser absorbiert noch mehr Wärme, es wird noch heißer. Oder wenn der Permafrostboden in der sibirischen Tundra auftaut, wird dort gebundenes Methan freigesetzt, das 30-mal stärker klimawirksam ist als $CO_2$. Dadurch wird die Erhitzung noch einmal deutlich verstärkt. Wenn wir viele solcher systemischen Kipppunkte überschreiten, wird das Gesamtsystem instabil, und wir verlieren jegliche Kontrolle.

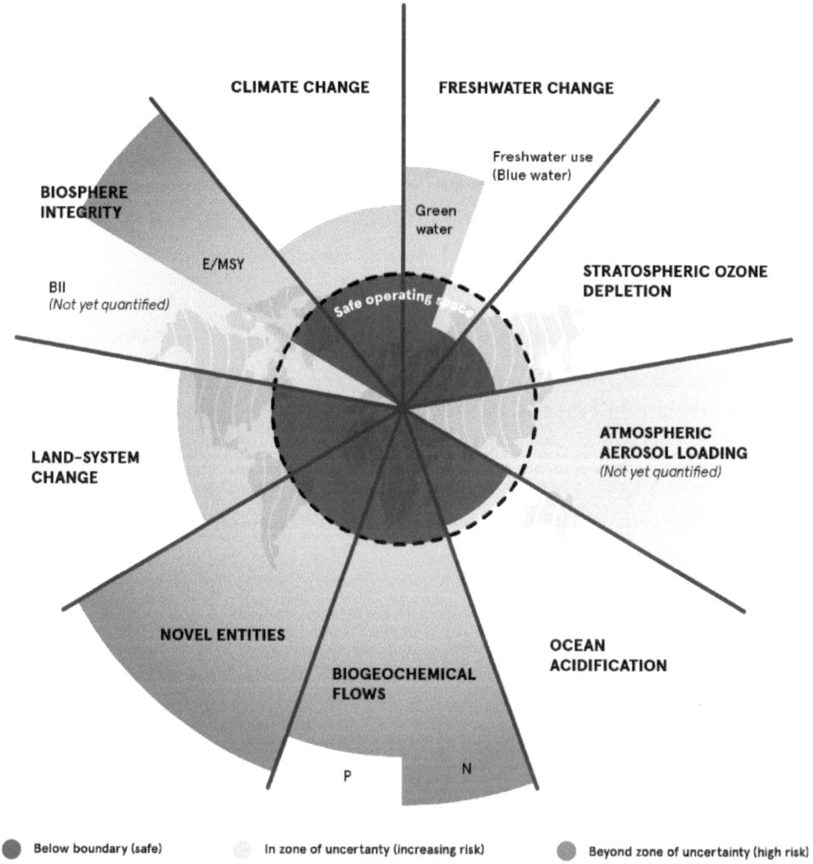


Vielfachkrisen, die sich kurz- wie langfristig gegenseitig verstärken.[22]

2. Wir haben viel zu viele Rohstoffe auf der Erde. Die fossilen Energieträger, die sich noch in der Erde befinden, müssen zum überwiegenden Teil dort bleiben. Denn wenn wir die Restbudgets von rund 1.170 Gigatonnen $CO_2$ für das 2-Grad-Ziel ernst nehmen, dürfen weit über 95 Prozent aller fossilen Energieträger gar nicht erst gefördert werden. Und wenn wir hypothetisch annehmen, dass wir das Belassen der fossilen Energieträger anordnen könnten, käme dies einer gewaltigen Enteignung der fossilen Industrie und damit der Länder gleich, die über diese Rohstoffe oder, wie man es lange treffend in der kapitalistischen Logik formuliert hat, »Bodenschätze« verfügen. Das erklärt, warum Klimaverhandlungen oft sehr lange dauern und nur zu unbefriedigenden Kompromissen führen. Und es macht deutlich, dass es massive wirtschaftliche wie auch politische Interessen gibt, die Klimaerhitzung zu leugnen.[23]
3. Der technologische Fortschritt allein wird es nicht richten.
   In den 90er-Jahren erschien Ernst Ulrich von Weizsäckers Buch *Faktor 4*, das auch ich damals gelesen habe. Er beschrieb darin die Effizienzrevolution, die es uns erlaubt, mit einem Viertel des Energieeinsatzes das gleiche Produkt herzustellen oder die gleiche Entfernung zurückzulegen. Von Weizsäcker war von den Wirkungen dieser Effizienzrevolution überzeugt. Aber bisher haben wir dadurch nichts gutgemacht. Von 1990 bis 2017 haben sich die $CO_2$-Emissionen weltweit verdoppelt, trotz aller Effizienzgewinne. Wenn wir die »planetaren Grenzen« halten wollen – und alles andere wäre globaler Selbstmord –, müssen wir global Grenzen der Naturnutzung setzen, verordnen und dann auch durchsetzen. Nichts anderes ist der Versuch, mithilfe der COP-Verhandlungen (Erklärung in Kapitel 3), der sogenannten Klimaverhandlungen, internationale Vereinbarungen zu treffen, wie viele Treibhausgase in welchem Zeitraum welchem Land noch zugestanden werden.
4. Das führt uns zur vierten unbequemen Wahrheit. Nur globale Kooperation kann eine systemisch fatale Naturnutzung in einer globalisierten Welt absolut so begrenzen, dass die globalen Systemzusammenbrüche vermieden werden. Der Mensch hat sich immer in seiner Erfolgsge-

schichte durch Kooperation weiterentwickelt. Am Anfang in Gruppen und Stämmen nomadisierte der Mensch als Jäger und Sammler, dann begann die Geschichte der Sesshaftwerdung mit Ackerbau und Viehzucht und kleinen stabilen Siedlungen, und schließlich hat der Mensch sich in komplexen Systemen wie Städten oder Staaten organisiert. Der nächste logische Schritt wäre also die globale Kooperation. Die internationale Politik ist also gefragt. Illusorisch ist das nicht. Es gibt erfolgreiche Beispiele solcher nationalen und internationalen Ordnungspolitik. Die Verschmutzung des Rheins im vergangenen Jahrhundert, der Ausstoß von Schwefeldioxid in die Atmosphäre, was zu saurem Regen und zu Smog in den Städten führte, oder die Vergrößerung des Ozonlochs in der Atmosphäre konnten durch nationale Gesetze und internationale Vereinbarungen gebannt werden. [24]

KAPITEL 3

# Wie kommunizieren wir bisher?

## Die Fallen der Klimakommunikation

»I want you to panic.«
**Greta Thunberg**

**Reden wir über Panik und Bullerbü.**
**Die kommunikative Klimakatastrophe**
Ist die COP eine Polizistenkonferenz, was sind noch mal die SDGs, und an welcher Uni sitzt der IPCC? Muss man die Daten und Fakten zur Klimaerhitzung nur richtig erklären oder immer schrecklichere Zukunftsszenarien entwickeln, um die Menschen zum Handeln zu bewegen? Die Psychologie sagt zu beiden Strategien Nein. Und warum darf dann Greta Thunberg zur Panik aufrufen und ist dennoch erfolgreich damit? Die kommunikativen Fallen in der Klimakommunikation sind vielfältig. Menschen handeln nicht aufgrund detaillierter Informationen, sondern nur wenn ihre Werte und Haltungen angesprochen werden. Diese Werte hängen stark mit der Peergroup zusammen, in der ich mich bewege.

Seit fast fünf Jahrzehnten versuchen Wissenschaftlerinnen, aber auch Aktivisten, Politikerinnen und Journalisten zu erklären, was Klimawandel oder Klimakrise ist. Aber es scheint sich nichts zu bewegen. Noch immer werden Klimaerhitzung, Ozonloch und schlechte Luft durch Autoabgase in einen Topf geworfen: alles irgendwie Umweltverschmutzung, alles irgendwie nicht schön. Aber ich war's nicht. Andere machen noch viel mehr Dreck als ich. Und überhaupt, bewiesen ist nichts. Vielleicht sollten wir noch ein bisschen warten, bis Langzeitstudien da sind. Und außerdem sind die Chinesen und Amerikaner viel schlimmer als wir, sollen die doch mal anfangen.

Man hat so ein diffuses Gefühl, dass das Wissen und das Bewusstsein über die Klimaerhitzung zunimmt, aber im Zweifel verdrängt der Mensch, bezweifelt die Fakten und zeigt gerne mit dem Finger auf andere. Viele meinen deshalb, wir müssten mehr in Bildung investieren. Das ist zweifellos richtig, dauert aber zu lange. Wir sollten daher vor allem unsere bisherige Kommunikation zur Klimakrise überprüfen. Was machen wir falsch? Wo liegen die Fallen der Klimakommunikation? Wo manövrieren wir uns in kommunikative Sackgassen?

## Falle 1: Fachsprech verstehen Fachleute

### *Verstehen Sie Klima?*

Können Menschen ohne akademische Bildung der Klimadiskussion überhaupt folgen? Ich denke Nein. Und die akademisch Gebildeten können es auch nur zum Teil. Zuerst kommt die Sprachbarriere. Vieles gibt es nur auf Englisch. Aber davon mal abgesehen, ist die Klimasprache mit Fachbegriffen und Abkürzungen gespickt, die selbst Fachleute nicht immer dechiffrieren können.

Man muss unter Umständen sehr viel Energie aufbringen, um an die gewünschte Information zu kommen. Daher bin ich der Überzeugung, dass die Informationen zu den Leuten gebracht werden müssen. Als Beispiel mögen die mobilen Impfbusse aus der Coronapandemie dienen. Erst mit diesen und mit sehr einfachen Zugängen ist es gelungen, bestimmte Bevölkerungsgruppen zu erreichen. Das verhält sich mit der Klimathematik genauso. Wenn wir Akzeptanz schaffen wollen und aufbrandende Proteste gegen beispielsweise klimabedingte Preiserhöhungen vermeiden wollen, brauchen wir lokale Diskursräume, die eine Peer-to-Peer-Kommunikation, also eine Kommunikation unter Gleichen, ermöglichen. In den lokalen Kampagnen, die wir zur Mobilitäts- und Klimawende gemacht haben, achten wir sehr darauf, dass wir solche Räume einrichten und dann auch mit Methode und Zielorientierung solche Räume für eine Diskussion auf Augenhöhe nutzen.

Hand auf's Herz: Wer von Ihnen kennt die 17 SDGs? Wer weiß, was genau der IPCC ist und wer auf den COP genannten Konferenzen tagt? Alle drei Elemente sind allerdings für die Eindämmung der Klimaerhitzung und die Wegweisung zur Nachhaltigkeit von Bedeutung. Eines nach dem anderen: Was heißt SDG eigentlich noch mal? SDG heißt *Sustainable Development Goal*, auf Deutsch: nachhaltige Entwicklungsziele. Diese Ziele wurden im Kontext des Pariser Klimagipfels 2015 von den Vereinten Nationen beschlossen. Sie dienen als Kompass einer ökologisch und sozial nachhaltigen Entwicklung unserer menschlichen Zivilisation auf der Erde. Das war ein echter Fortschritt. Immerhin ist es das erste Mal gelungen, konkret zu bezeichnen, was das »Gummiwort« Nachhaltigkeit in der Praxis eigentlich bedeutet.[25]

Allerdings um den Preis, die Komplexität des »Gummiwortes« vielleicht nur noch deutlicher zu machen. Es gibt nämlich gleich 17 SDGs. Nicht mehr und nicht weniger Handlungsfelder sind es, die die Vereinten Nationen für eine nachhaltige Entwicklung identifiziert haben. 17 Ziele sind schon allein eine kommunikative Aufgabe, weil sich kaum ein Mensch alle 17 merkt. Erschwerend kommt hinzu: Alle 17 Ziele hängen eng miteinander zusammen. Allein die ersten drei Ziele »keine Armut«, »kein Hunger« und »gute Gesundheit und Wohlergehen« bilden so etwas wie die Basis menschlicher Würde. Aus meiner Sicht wären fünf Oberziele einfach leichter zu transportieren. So wird jetzt anstatt des »Gummiwortes« Nachhaltigkeit das »Gummisystem« SDGs verwendet.

### *COP – ist das eine Polizistenkonferenz?*

Ausgeschrieben bedeutet COP *Conference of the Parties* – »Konferenz der Parteien«. Irreführende Bezeichnung, denn eigentlich müsste die COP besser COC heißen: *Conference of the countries*, weil jede Partei ein Land ist. Es wird aber noch komplizierter. Ausrichter der COP ist das UNFCCC-Sekretariat. UNFCCC steht für *United Nations Framework Convention on Climate Change*. Auf Deutsch: Rahmenkonvention der Vereinten Nationen zum Klimawandel. Diese Rahmenkonvention und die Organisation dazu, das UNFCCC-Sekretariat, wurden 1992 mit dem Rio-Weltgipfel gegründet. Ihr treten einzelne Nationen bei; zurzeit gehören ihr 197 Mitgliedsstaaten an. Diese Staaten werden im UN-Prozess als *Parties* bezeichnet. Alle Jahre treffen sie sich zur COP, in der Regel in Bonn, wo sich der Sitz des UN-Klimasekretariats befindet. Allerdings ist die geübte Praxis, dass sich jedes Jahr ein anderes Land um die Ausrichtung der COP bewirbt und dabei alle Weltregionen berücksichtigt werden sollen. Die Verträge, die die Weltgemeinschaft zur Eindämmung der Klimakrise beschließt, werden *Parent Treaty*, Mutterverträge, genannt. Unter anderem ist das sogenannte Kyoto-Protokoll, das 1997 im japanischen Kyoto beschlossen wurde, ein Muttervertrag, den inzwischen alle 197 Mitgliedsstaaten ratifiziert haben. Ein ebensolcher Muttervertrag ist das Paris Agreement von 2015, in dem alle 197 Staaten sich auf das 1,5-Grad-Ziel geeinigt haben. Auf den COPs seit 2015 geht es vor allem darum, die Beiträge der einzelnen Länder zur Treibhausgasreduktion mit dem Ziel von maximal 1,5 Grad Erderhitzung exakt zu erfassen und zu bewerten, ob sie wirksam genug sind.

### *Ist die Wissenschaft sicher? Wer ist der Eipisisi?*

IPCC heißt *Intergovernmental Panel on Climate Change*, auf Deutsch »Zwischenstaatlicher Ausschuss für Klimaänderungen«. Um diese sperrige deutsche Bezeichnung zu umgehen, wird der IPCC auf Deutsch aber auch oft als »Weltklimarat« bezeichnet. Die zentrale Aufgabe des IPCC ist es, den Stand der Wissenschaft zur globalen Erhitzung und zu Treibhausgasminderungs- und zu Anpassungsstrategien weltweit zusammenzutragen und wissenschaftlich zu bewerten. Zu diesem Zweck arbeiten Tausende Wissenschaftlerinnen und Wissenschaftler weltweit für den IPCC. Seine Expertise ist im wahrsten Sinne des Wortes Schwarmintelligenz. Die insgesamt sechs Berichte, die der Rat bisher erstellt hat, sind somit die Synthese, die Zusammenschau allen Wissens zur Klimakrise weltweit. Der 6. Bericht ist brandaktuell, er wurde zwischen Herbst 2021 und Frühjahr 2022 wie üblich in drei Teilen veröffentlicht. Die Arbeit des Rates ist strikt wissenschaftlich und verkündet keine absoluten Wahrheiten. Vielmehr bewertet der Rat die erarbeiteten Szenarien mit unterschiedlichen Stufen der Wahrscheinlichkeit. Diese gute wissenschaftliche Praxis wird von interessierten Kreisen der sogenannten Klimaskeptiker gegen den IPCC verwendet, nach dem Motto: Da sieht man es doch, die Erkenntnisse des IPCC sind eben doch nicht sicher.

## Falle 2: zu viel Information

### *Die kommunikative Klimakatastrophe*

Die zweite Falle ist: zu viel Information. Auch wenn es paradox klingt, aber zu viele Daten, Fakten und Diagramme erhöhen nicht meine Informiertheit, sondern eher meine Genervtheit. Menschen steigen einfach geistig aus, wenn sie mit zu viel Information gefüttert werden. Aber genau das tun unsere Wissenschaftler:innen immer noch. Lesen wir Teile des aktuellen 6. Berichts des IPCC vom August 2021, und versuchen Sie, die Botschaften zu verstehen.

234 Wissenschaftlerinnen und Wissenschaftler aus 66 Ländern haben daran gearbeitet. 14.000 Quellen und Referenzen wurden zitiert und über 78.000 Kommentare von Expertinnen und Experten sowie Regierungen berücksichtigt. Schon allein diese Zahlen machen einen schwindelig.

Es wird nicht einfacher, wenn wir zu den Ergebnissen kommen. Wissenschaft ist komplex, vor allem dann, wenn sie sich mit derart komplexen Systemen wie dem Weltklima beschäftigt. Da gerade der IPCC immer wieder von denjenigen angegriffen wird, die den menschlichen Ursprung der Klimaerhitzung prinzipiell infrage stellen, ist es sein besonderes Anliegen, seine Erkenntnisse möglichst transparent, aber auch mit den gegebenen Unsicherheiten eines komplexen wissenschaftlichen Prozesses darzustellen. Deshalb ist auch das *Summary for policymaker*, die »Zusammenfassung für politische Entscheidungsträgerinnen und Entscheidungsträger«, immer wieder eine durchaus anspruchsvolle Aufgabe. Schauen wir auf die scheinbar simple Frage: Wie nah sind wir bereits heute an der in Paris beschlossenen Grenze von 1,5 bzw. 2 Grad? Wie sehr hat sich die Durchschnittstemperatur auf der Erde bereits jetzt im Vergleich zur vorindustriellen Zeit erhöht? Die Antwort des IPCC ist folgende:

> »The likely range of total human-caused global surface temperature increase from 1850 – 1900 to 2010 – 2019 is 0.8 °C to 1.3 °C, with a best estimate of 1.07 °C. It is likely that well-mixed GHGs contributed a warm-

ing of 1.0 °C to 2.0 °C, other human drivers (principally aerosols) contributed a cooling of 0.0 °C to 0.8 °C, natural drivers changed global surface temperature by –0.1 °C to 0.1 °C, and internal variability changed it by –0.2 °C to 0.2 °C. It is very likely that well-mixed GHGs were the main driver of tropospheric warming since 1979, and extremely likely that human-caused stratospheric ozone depletion was the main driver of cooling of the lower stratosphere between 1979 and the mid-1990s.«[26]

Kurz und verständlich formuliert: In der Dekade von 2010–2019, so schätzen die Wissenschaftlerinnen und Wissenschaftler, lag die Weltdurchschnittstemperatur um 1,07 Grad höher als zwischen 1850 und 1900. Diese Temperaturerhöhung wurde mit großer Sicherheit von den Menschen verursacht. Weitere Botschaften des IPCC sind folgende: Eine Erwärmung in diesem Tempo ist beispiellos, und das mindestens für die vergangenen 2.000 Jahre. Die Wahrscheinlichkeit von außergewöhnlichen Starkregenereignissen und Trockenperioden hat seit den 1980er-Jahren deutlich zugenommen. Die Gletscher und das Nordpolareis schmelzen mit hoher Geschwindigkeit. Der Meeresspiegel steigt noch schneller.

Dieser erste Teil des 6. Berichts des IPCC ist also erneut eine dramatische Warnung an die Menschheit. Wir verändern unser Habitat, unser Haus, wie Greta Thunberg sagen würde, in einer Geschwindigkeit, der wir Menschen, unsere Kultur und unsere Landwirtschaft nicht werden folgen können. Katastrophalerweise ist es auch für die über Jahrtausende angepasste Tier- und Pflanzenwelt ein nicht nachvollziehbares Tempo im Wandel der natürlichen Rahmenbedingungen.

Auch rein kommunikativ ist die Vermittlung der Ergebnisse der koordinierten Forschung aufgrund der Komplexität des Gegenstandes, noch dazu in einem politisch ebenfalls aufgeheizten Klima, fast eine Katastrophe.

Aus einem solchen Bericht entstehen keine Emotionen, keine Motivation zum Handeln. Allerdings ist es nicht Aufgabe der Wissenschaftlerinn und Wissenschaftler des IPCC, diese komplexen Inhalte einer breiten Öffentlichkeit zu kommunizieren. Es wäre vielmehr Aufgabe von Politik, Medien und Kommunikationsexpertinnen und -experten, das wissenschaftliche Meisterwerk IPCC-Bericht so zu übersetzen, dass es Empathie und Handlungsimpulse auslöst. Wie das gelingen kann, sehen wir in den weiteren Kapiteln.

## Falle 3: Der Weltuntergang ist nah

### *Wir sind »apokalypsenmüde«*

Per Espen Stoknes, Umweltpsychologe und Professor an der Norwegian Business School, hielt vor ein paar Jahren einen weltweit beachteten TED-Talk in New York unter dem Titel »Wie man Apokalypsenmüdigkeit in Maßnahmen zur Bekämpfung der globalen Erwärmung umwandelt«. Klingt nicht so aufregend, wurde aber inzwischen über 3,2 Millionen Mal gesehen. Er erzählt darin zu Beginn sinngemäß die folgenden zwei Geschichten:

1. Geschichte: Wir sehen steigende $CO_2$-Levels in unserer Atmosphäre. Inzwischen sind es 410 sogenannter Parts per Million (ppm). Wir brauchen schnelle Dekarbonisierung. Das Weltkohlenstoffbudget, um das 2-Grad-Ziel zu erreichen, ist mit 66 Prozent Wahrscheinlichkeit ungefähr 800 Gigatonnen.
2. Geschichte: Wir nähern uns einer unbewohnbaren Erde. Monster Stürme, Killerfluten, vernichtende Flächenbrände, verrückte Hitzewellen, die uns kochen werden unter einer brennenden Sonne. 2017 ist schon so unerwartet warm, dass Klimawissenschaftler ausflippen. Wir haben ein Drei-Jahres-Fenster, um dies zu ändern, drei Jahre. Wenn uns das nicht gelingt, werden wir auf einer kochenden Erde leben, einem Höllenloch.

Nach einer solchen Katastrophengeschichte zeigen einige Menschen depressive Anwandlungen. Und das ist keine gute Grundstimmung für Handlung. Eher will man den Kopf in den Sand stecken. Professor Stoknes hat in Studien ermittelt, dass für eine solche negative Story mindestens drei positive zum Ausgleich erzählt werden müssen. Erst dann ist die Gefühlsbilanz eines durchschnittlichen Menschen wieder ausgeglichen.

In seinem TED-Talk beschreibt Per Espen Stoknes die psychologischen Hürden der Klimakommunikation. Und er beginnt mit diesen beiden

Erzählungen über den Klimawandel. Beide haben Sie so oder so ähnlich schon mal gehört. Beide funktionieren nicht. Die wissenschaftliche Zahlengeschichte lässt uns schnell abschalten, und die Katastrophenstory lässt uns Distanz suchen. Dennoch transportieren 80 Prozent aller Medienberichte über das Klimathema die Katastrophenbotschaft. Das Fatale daran: Es braucht drei positive Geschichten zur Lösung der Klimaerhitzung, um eine negative in unserem Gefühlspegel wieder auszugleichen. Und die Katastrophe lähmt uns, genauso wie die Faktendröhnung. Beide Geschichten lösen bei Menschen keine Motivation aus, irgendetwas zu tun.

Warum ist das so? Stoknes nennt fünf innere Widerstände, die durch solche Art Erzählungen ausgelöst werden:

1. Distanz, verbunden mit folgenden Gedanken: Die Bedrohung ist weit weg in Raum und Zeit. Habe ich diese ganzen Zahlen überhaupt richtig verstanden? Und die Veränderung geht sehr langsam. Da habe ich jetzt wirklich Wichtigeres zu tun. Kinder, Job, Haus …
2. Weltuntergangsstimmung, denn solche Katastrophenerzählungen machen uns Angst. Da all das aber nicht direkt bevorsteht, sondern erst 2050 oder 2100, schiebe ich die Angst erst mal weg. Ich will damit jetzt nichts zu tun haben, und ich will diese Geschichte auch nicht andauernd wieder hören.
3. Dissonanz, die uns denken lässt: Alle fahren doch Auto, mein Nachbar hat ein viel größeres. Und alle fliegen, ich wäre ja dumm, wenn ich es nicht auch täte. Die Routinen und das Verhalten meiner Peergroup bestimmen meine Haltung. *Behaviour drives attitude*, das Verhalten bestimmt die Einstellung.
4. Verleugnen bringt uns dazu: Klimawandel, damit will ich nichts zu tun haben. Ich spüre davon nichts. Und sicher ist das Ganze auch noch nicht, das Klima hat sich immer gewandelt.
5. Identität zeigt sich in folgenden Gedanken: Die Regierung will Klimasteuern auf große Autos erheben. Das ist Sozialismus. Hier in Texas gehört mein Pick-up zum Lifestyle. Und der Staat soll sich aus meinen Angelegenheiten raushalten. *Values eat the facts*, Werte fressen die Fakten auf.

Wir erkennen auch durch die Brille des Sozialpsychologen Per Espen Stoknes: Zu viele Zahlen helfen nicht, die nötige Aktion auszulösen, und Untergangsszenarien auch nicht. Warum ist dann aber Greta Thunberg mit ihrem Aufruf zur Panik so erfolgreich?[27]

### *Greta verändert die Regeln*

Greta Thunbergs *I want you to panic* – »Ich möchte, dass ihr in Panik geratet« – und ihr sehr wütendes und verzweifeltes *How dare you* – »Wie könnt ihr es wagen« vor den Vereinten Nationen in New York sind legendäre Sätze der neuen Jugendbewegung Fridays for Future (FFF). Moment mal, erklärte Professor Stoknes nicht gerade, dass Weltuntergang Verdrängung auslöst, dass wir schnell zur Tagesordnung übergehen, weil wir den Schrecken vermeiden wollen?

Greta funktioniert nach eigenen kommunikativen Regeln. Greta ist selbst eine Ikone des Digitalzeitalters, ein Jahrhundertereignis. Warum darf Greta das, was andere nicht dürfen? Sie spricht vom Massensterben, von Tausenden Toten und apokalyptischen Szenen, wenn die aktuell Herrschenden nicht handeln. Sie verfolgt bei all ihren Aktionen ein einziges Ziel, und das ist oft der Schlüssel zum Erfolg bei sozialen Bewegungen. Greta Thunberg will nichts anderes, als dass die Regierenden dieser Welt die Gefahr so klar sehen, wie sie diese sieht, wie auch die Wissenschaft sie sieht. Und das ohne Wenn und Aber. Sie will, dass die Politik weltweit die Erkenntnisse der Wissenschaft liest, versteht und dann danach handelt.

Keine Nebelkerzen, keine Kompromisse, weil Naturgesetze und Mathematik auch keine Kompromisse machen. Und Greta und auch andere Vertreterinnen und Vertreter von FFF bleiben bei dieser einen klaren Botschaft: Ihr Politikerinnen und Politiker habt euch 2015 in Paris selbst dazu verpflichtet, das 2-Grad-Ziel, besser das 1,5-Grad-Ziel einzuhalten. Jetzt tut, was ihr unterschrieben habt, und lügt nicht.

FFF setzt damit das Thema ganz nach oben auf die politische Agenda. Als Verstärkung kommt hinzu, dass Greta 15 Jahre alt war, als sie sich mit einem Pappschild mit der Aufschrift »Schulstreik fürs Klima« im August 2018 vor den schwedischen Reichstag setzte. Und jünger aussah, also ein Kind.

Das ist verkehrte Welt. Die Kinder sind die Vernünftigen, und die Erwachsenen müssen erklären, warum sie nicht nach der Vernunft handeln. Hier spielen viele Geschichten und Zeichen, neusprachlich »Memes« genannt, eine Rolle. Als schwedisches Mädchen mit Zöpfen weckt Greta natürlich Pippi-Langstrumpf-Assoziationen. Ein unbeugsames, starkes Mädchen, das nicht nach den Regeln der Erwachsenen spielt, sondern nach den eigenen. Das Märchen von »Des Kaisers neue Kleider« drängt sich auf, weil ein Kind den Regierenden sagt, dass sie nackt sind. Keine Entschuldigungen, keine Ausreden. Kinder sagen die Wahrheit. Und ihr diagnostizierter Asperger-Autismus macht Greta unempfänglich für Deals oder Zwischentöne. Was wahr ist, steht im IPCC-Bericht, da gibt es nichts zu diskutieren.

Es ist also jede Menge Emotion im Spiel und Storytelling der Art, wie sie sich Werbe- und PR-Agenturen gar nicht ausdenken könnten. Allein die Atlantiküberfahrt mit dem Katamaran von Boris Hermann, einem deutschen Weltumsegler, war eine Story, die über zwei Wochen die Social-Media-Kanäle der Welt geflutet hat.

Es ist exakt diese Rolle, die Greta Thunberg und die Kinder von Fridays for Future haben: den Finger in die Wunde legen im Namen der noch nicht Stimmberechtigten, die aber die Leidtragenden sein werden, wenn die Mächtigen von heute nicht handeln.

Sie haben also jedes Recht, wütend zu sein, Regeln zu übertreten und Panik auslösen zu wollen. Diese Kinder- und Jugendbewegung ist allerdings auch gut beraten, bei dieser einen zentralen Aufgabe zu bleiben. Konkrete politische Maßnahmen zu formulieren ist nicht ihr Job, sondern der Job der Erwachsenen: »Ihr habt studiert und so viel Erfahrung. Ihr müsst die Lösungen bieten, nicht wir Kinder.«

Und wer darauf mit Paternalismus reagiert oder, schlimmer noch, mit Ordnungsrufen wie »Die Kinder sollen mal in die Schule gehen und was Ordentliches lernen«, hat schon verloren. Stefan Rahmstorf sagte mir Anfang 2019 zu diesem Thema: »Ich glaube an die Kinder, die werden eine andere Diskursebene in die Klimadebatte bringen.«

Er hat recht behalten. Und sie bewirken damit etwas ganz Zentrales aus kommunikativer wie aus demokratischer Sicht. Sie halten das Thema im Gespräch, sie lassen die Mächtigen nicht in Ruhe. Wir kommen im Kapitel 4 beim Thema Framing darauf zurück.

## Falle 4: Alternative Fakten

### *Mehr Fakten oder mehr politisches Anliegen*

Eine Berliner Freundin irritierte mich kürzlich mit der Bemerkung: »Eigentlich ist unsere Fixierung auf die Naturwissenschaft doch auch schon fast eine Religion.« Dazu muss man sagen, dass sie gänzlich unverdächtig ist, Verschwörungstheorien anzuhängen. Sie wollte damit sagen, dass die Kultur- und Sozialwissenschaften zu kurz kommen. Denn während wir der dritten Stelle hinter dem Komma besondere Bedeutung beimessen, laufen wir Gefahr, den Blick fürs Ganze zu verlieren.

Ich habe daraufhin recherchiert und bin auf die interessante Trennung zwischen *Matter of fact* und *Matter of concern* gestoßen.

### *Gegner schlagen die Wissenschaft auf dem eigenen Feld*

Wir finden hier erneut ein Paradox der Kommunikation. Je mehr Wissenschaftler:innen Fakten als Grundlage ihres Wissens ins Feld führen, desto angreifbarer werden sie genau dadurch. Natürlich macht es seröse Wissenschaftler:innen wahnsinnig, wenn interessierte Kreise ihre Arbeit konterkarieren mit der Antwort: »Das mögen Ihre Fakten sein, wir haben alternative Fakten.« Als ob Fakten verhandelbar wären. Das Fatale an diesem Mechanismus ist das Bestehen auf Fakten. Die Gegenstrategie ist eine der perfidesten Taktiken, um Klimawissenschaft zu diskreditieren. Während die Klimawissenschaft immer verzweifelter bemüht ist zu beweisen, dass die Klimaerhitzung stattfindet, dass sie vom Menschen verursacht ist und dass es keine Zweifel daran gibt außer den Zweifeln, die gute Wissenschaft immer an ihrem Tun haben sollte, werden diese »Restzweifel« von der Fossillobby schamlos ausgenutzt. Die Fokussierung auf Naturwissenschaft belässt die Debatte im naturwissenschaftlichen Raum. Wenn es hier gelingt, auch nur den geringsten Zweifel zu streuen, dass die Klimaerhitzung stattfindet, verliert die Mehrheit der Menschen den Glauben an die Dringlichkeit. Eine Strategie, die die Republikaner in den USA seit Jahrzehnten verfolgen. So empfahl beispielsweise der politische Berater

Frank Luntz im Wahlkampfjahr 2002 den US-amerikanischen Republikanerinnen und Republikanern:

> »Voters believe that there is no consensus about global warming within the scientific community. Should the public come to believe that the scientific issues are settled, their views about global warming will change accordingly. Therefore, you need to continue to make the lack of scientific certainty a primary issue in the debate.«[28]

Ebendieser Luntz war auch dafür verantwortlich, dass George W. Bush nicht mehr den Begriff *global warming*, sondern den neutraleren Begriff *climate change* im Wahlkampf verwendet hat, um jegliche Bedrohungsahnung aus der Debatte zu nehmen.[29] Was aber können wir gegen solche unlauteren Täuschungen tun? Wie können wir allen, die sich manipulativ der Zweifel der Wissenschaft bedienen, den Wind aus den Segeln nehmen? Indem wir die Klimakrise, also die Krise unseres Planeten, in einen politischen und sozialen Kontext stellen.

Die Universität Kassel gründete im Fachbereich Geistes- und Kulturwissenschaften einen Schwerpunkt »Climate Thinking«. Aus diesem Kreis stammt ein großer Teil der hier zitierten Überlegungen. Die Kasseler Forscherinnen und Forscher meinen: Wer die Welt ausschließlich als *matter of fact* betrachtet, verfolgt letztendlich ein positivistisches Natur- und Weltbild. So, wie sich unter dem Motto »Zu Fakten gibt es keine Alternative!« 2017 beim ersten *March for Science* weltweit Menschen versammelten, um der wachsenden, überwiegend populistischen Skepsis gegenüber wissenschaftlichen Forschungsergebnissen entgegenzutreten.

Natürlich haben die Klimaforscherinnen und -forscher recht mit den Fakten, die sie zusammentragen. Doch der immer energischere Hinweis auf neue, womöglich noch erschreckendere Fakten hat die Öffentlichkeit nicht entsprechend aufgerüttelt. Ähnlich wie in dem Film *Don't look up*: Angesichts eines auf die Erde zurasenden Asteroiden verzweifeln zwei Wissenschaftler an der Ignoranz der Medien und der Menschen. Hier wird anschaulich gezeigt, dass mehr Fakten nicht dazu führen, die Dringlichkeit und die Notwendigkeit einer Lösung zu erkennen.

Deshalb benötigen wir Anlässe, Gelegenheiten und Möglichkeiten, die immer zahlreicheren Fakten zu diskutieren und ihre Konsequenzen in Bezug auf unsere Welt verstehen zu können. Und das hat mit Politik, mit Kultur, mit Psychologie und viel mit Kommunikation zu tun. Um ein Beispiel zu nennen: Das Schauspiel Bonn hat das Buch von Maja Göpel »Unsere Welt neu denken« in eine musikalisch-schauspielerische Revue übersetzt. Das ist großartig gelungen und holt die Wissenschaft aus dem Hörsaal auf die Bühne. Hier wurde ein neuer Diskursraum für den *great mindshift* eröffnet.[30]

Deshalb ist der Begriff *matter of concern*, den die Kasseler dem reinen Faktenvermehren gegenüberstellen, ein neuer, bemerkenswerter Ansatz. Eine Klimakrise braucht nach ihrer Auffassung das Zusammenwirken von Ideen, Mächten, Akteurinnen und Akteuren, Handlungen und Schauplätzen. Es entsteht und entwickelt sich, wenn es um eine Sache geht, über die man besorgt ist, um die man sich sorgt und sich kümmert.[31]

Die Klimakrise braucht eine emotionale, normative und damit kulturelle Verankerung. Mit anderen Worten: Sie benötigt einen politischen Raum. Dafür gibt es bisher nur das Bundesumweltministerium und ein paar Hundert Klimaschutzmanagerinnen und -manager, oft in Teilzeit, die heillos damit überfordert sind, dieses komplexe Thema in das System Kommune zu integrieren. Erst dann kann Wissenschaft nicht mehr einfach zu einer Glaubensfrage gemacht werden, und populistische Sätze wie von Donald Trump »Bleibt ihr gerne bei euren Fakten. Wir haben hier alternative Fakten« verfangen nicht mehr so schnell.

»Climate thinking« ist als Begriff vielleicht noch zu intellektuell. »Climate acting« wäre besser und würde die Notwendigkeit des Handelns mehr in den Fokus rücken.

*Climate acting* fände ich besser. Aber so oder so: Andere Perspektiven könnten dieses Thema gesellschaftlich verankern. Ein Denken in Alternativen und eine politische Agenda, außerdem ein Raum, in dem diese Krise politisch verhandelt werden kann, wird dadurch eröffnet.

Oft denken und handeln wir noch viel zu eng. Nehmen wir das Beispiel der Flut im letzten Sommer. An der Ahr fokussierte sich die Berichterstattung zunächst auf die Visualisierung des Grauens, auf die Frage, wer zu spät gewarnt hat. Dann auf die tolle Hilfsbereitschaft. Aber die dahinterliegende Ursache der Klimaerhitzung und die Frage, wie man solche vulnerablen Gegenden »heißzeitkonform« wiederaufbauen kann, wird kaum politisch diskutiert. Es wäre aber dringend notwendig.

Erfreulich sind die aktuellen bundespolitischen Veränderungen. Wirtschaft wird jetzt unmittelbar mit Klima verbunden. Das gibt dem Thema einen völlig anderen Rahmen. Außenpolitik wird unter der aktuellen Außenministerin explizit zu einer Klimaaußenpolitik. Zwar geht es nun vordringlich um militärische Sicherheit und neue Wirtschaftsbeziehungen, angesichts des Ukrainekrieges. Die Berufung von Jennifer Morgan allerdings, der bisherigen internationalen Greenpeace-Chefin, zur Staatssekretärin und Sonderbeauftragten für internationale Klimapolitik im Auswärtigen Amt ist hier ein Meilenstein. Lokal, bei der Frage etwa wie wir weniger Autos in Städten möglich machen können oder wie wir ein Nahwärmenetz nach und nach aufbauen können, brauchen wir solche Diskursräume. Und darin geht es um viel mehr als um Fakten. Es geht um Gewohnheiten, um Gruppenbedürfnisse, um Gestaltung und Kreativität, um Sozialverhalten und Verantwortung.

Zur Frage der Diskursräume, der intelligenten Partizipation, des gemeinsamen Handelns in einer Krise, die definitiv für einzelne Menschen zu groß ist, komme ich in Kapitel 7 zurück.

Die dreistesten Manipulationen mit vorgetäuschter Wissenschaftlichkeit und schamlosem Belügen der Öffentlichkeit betreibt seit Jahrzehnten die Öl- und Gasindustrie. Sie tut das sehr bewusst immer wieder mit dem Streuen von Zweifeln an der Klimaerhitzung, und wenn das nicht mehr glaubwürdig ist, zieht sie einfach die Ursache Mensch in Zweifel. Ein bewährtes Mittel der Ablenkung ist der sogenannte Whataboutism. Der Angegriffene weist damit die Schuld am Missstand an die Kritiker zurück. Das geht ungefähr so: Mag ja sein, dass das Verbrennen von Öl das Klima erhitzt, aber was ist eigentlich mit deinem Urlaubsflug letztes Jahr auf die Kanaren? Im Englischen fängt der zweite Satz mit den Worten an: …but what about …, …was ist eigentlich mit … Daher kommt der Begriff »Whataboutism«. Den zynischsten Angriff auf die Wahrheit leistete sich BP mit dem größten »Whataboutism« der Geschichte. BP erfand den $CO_2$-Fußabdruck. Der Ölmulti stellte sogar den $CO_2$-Rechner zur Verfügung. Wie genau es dazu kam und was die Ölindustrie sonst noch kommunikativ geleistet hat, um von ihrem schmutzigen Geschäft abzulenken, das braucht einen etwas ausführlicheren Exkurs.

## Exkurs: Lobby und PR-Maschine Ölindustrie

Was im Jahr 2002 wie ein wahltaktisches Manöver anmutete, hat eine jahrzehntelange Vorgeschichte. Bereits 1965 war der gesamten Ölindustrie klar, was sie mit dem weiteren Verbrennen von Öl und Gas auslöst. Frank Izard war damals Präsident des American Petroleum Institute (API). In einer kleinen vertraulichen Runde der Öllobby zitierte Izard aus einem Bericht an den US-Präsidenten Lyndon B. Johnson mit dem Titel »Wiederherstellung der Umweltqualität«.

Der Inhalt des Berichts besagt, dass noch Zeit bleibe, um die Völker der Welt vor den katastrophalen Folgen der Umweltverschmutzung zu bewahren, aber die Zeit laufe ab. Eine der wichtigsten Vorhersagen ist, dass der Erdatmosphäre durch die Verbrennung von Kohle, Erdöl und Erdgas Kohlendioxid in einem solchen Ausmaß zugeführt wird, dass bis zum Jahr 2000 der Wärmehaushalt so verändert sein werde, dass es möglicherweise zu deutlichen Klimaveränderungen komme.

Sowohl die Öllobby wie auch die US-Regierung waren also schon vor 57 Jahren informiert über die Folgen ihres Tuns. In den folgenden Jahren beherrschten allerdings andere Themen die Schlagzeilen. Die Systemkonfrontation zwischen den USA und der Sowjetunion führten zu brisanten Situationen angesichts des wachsenden Atomwaffenarsenals, das beide Blöcke aufbauten. Die Amerikaner verstrickten sich in einen langen und aufreibenden Krieg in Vietnam, um die Ausbreitung des Kommunismus zu unterbinden und ihre Einflusssphäre im pazifischen Raum zu erhalten. 1972 wurde der Bericht an den Club of Rome *Die Grenzen des Wachstums* veröffentlicht. Im Jahr darauf zeigte die Ölkrise, eine gezielte Verknappung der Fördermengen durch die OPEC, der westlichen Welt ihre Abhängigkeit vom fossilen Treibstoff klar auf. Insgesamt aber waren diese Zeiten gute Zeiten für die weltweite Ölindustrie. Wachsende Industriegesellschaften und die Kriegsmaschinerie brauchten Treibstoff. Erst 1979 rief das API die sogenannte $CO_2$ and Climate Task Force ins Leben. Die Taskforce bestand aus den führenden Wissenschaftlerinnen und Wissenschaftlern der Öl- und Gasbranche, darunter Exxon, Texaco, Shell und Standard Oil of California and Gulf Oil (später Chevron), Shell (Niederlande) und Total (Frankreich). Diese Taskforce leistete ganze Arbeit. Sie sagte eine Klimaerwärmung um ca. 1 Grad Celsius bis zum Jahr 2005 voraus und katastrophale Erhitzung für die Jahre 2060 und danach.

Doch die Ölmultis gingen damit natürlich nicht an die Öffentlichkeit. Sie schafften es, ihre Studien bis in die letzten Jahre unter Verschluss zu halten. Stattdessen starteten sie ihre Gegenoffensive. Allen war zu diesem Zeitpunkt klar, dass sie Milliarden scheffelten mit einem Produkt, das die Menschheit ins Verderben stürzen kann.

Die PR-Methoden schauten sie sich bei der Tabaklobby ab. Auch hier wurden medizinische Erkenntnisse über die Schädlichkeit des Rauchens konsequent geleugnet. Entgegen der wachsenden Beweislast, dass das Verbrennen fossiler Brennstoffe zu desaströsen Klimaveränderungen führen wird, säte die Öllobby Zweifel an diesem Zusammenhang. Sie beauftragte Gegenstudien, machte Gegnerinnen und Gegner lächerlich, gründete sogar eigene Institute, die alle klangvoll verschleiernde Namen trugen. Das perfide Einfallstor für die Zweifel ist die Seriosität der Wissenschaft an sich. Im Jahr 1988 berichtete der renommierte NASA-Wissenschaftler James Hansen im Abgeordnetenhaus über die Klimaerhitzung. Um den Ernst der Lage zu untermauern, erklärte er, er sei zu 99 Prozent sicher, dass diese Klimaveränderungen vom Menschen verursacht würden. Der fossilen Lobby war das zu wenig. Sie schlug beharrlich in die Kerbe, dass die Wissenschaft sich ja offensichtlich noch uneins sei über die menschliche Ursache der Erhitzung. 1989 gründeten die Konzerne die *Global Climate Coalition*, finanziert vom American Petroleum Institute.

Diese PR-Methode der irreführenden Namensgebung nennt man Greenscamming. Das bedeutete konkret: Die Szene der Klimawandelleugner hängt sich ein grünes Mäntelchen um.

Und während die Welt um Vereinbarungen zum Eindämmen der Klimaerhitzung rang – und das durchaus mit Erfolg, wie es zum Beispiel die Vereinbarung von Kyoto 1997 dokumentiert –, schaffte es die Leugnerlobby in den USA selbst unter einem demokratischen Präsidenten Bill Clinton, die Umsetzung des Kyoto-Protokolls zu verhindern.

In einem internen Memo der fossilen Konzerne heißt es: »Der Sieg ist errungen, wenn der Durchschnittsmensch über die Klimawissenschaft verunsichert ist.« 2002 sahen sie sich am Ziel. Der republikanisch dominierte Kongress und die Regierung Bush waren sich einig, dass keine Emissionsreduktionen nach dem Kyoto-Protokoll notwendig seien. Danach löste sich die *Global Climate Coalition* auf.

### *Die Erfindung des Fußabdrucks durch BP*

Das Greenscamming endete damit allerdings bis heute nicht.[32] Und es wird ergänzt durch schamloses Greenwashing.

Obwohl die Öllobby die Politik der USA unter Bush dem Jüngeren im Griff hatte, wurden das Bewusstsein und der öffentliche Druck für eine ernst zu nehmende Klimapolitik weltweit stärker. BP, die bis dato British Petroleum hießen, startete deshalb eine weltweite Kampagne, die an Zynismus kaum zu überbieten war. Sie erfanden den individuellen Klimafußabdruck. Einer der größten Weltverschmutzer zeigte einfach mit dem Finger auf die Bürgerinnen und Bürger nach der Devise: »Seht her, wir kümmern uns, aber du selbst kannst auch ganz viel tun. Und nur wenn du ganz viel tust, dann können wir gemeinsam das Klima retten.« BP stellte auch den Rechner zur Verfügung und beschäftigte die kritische Öffentlichkeit so mit sich selbst. Das Greenwashing gipfelte noch darin, dass das Unternehmen sich ein komplettes Reframing verpasste. BP hieß plötzlich »Beyond Petroleum«, jenseits des Öls. Das Logo mutierte zu einer stilisierten Blume, und die gesamte Kommunikation sendete auf allen Kanälen: »Wir haben verstanden. Wir waren vielleicht in der Vergangenheit Teil des Problems, aber jetzt arbeiten wir mit aller Kraft an den Lösungen.« Ich gebe zu, dass ich in jener Zeit auch versucht war zu glauben, dass hier möglicherweise wirklich eine Veränderung der Geschäftspolitik stattfindet. Allein, es fehlt jeder Beweis dafür.

Die globale Plattform »Ren21« besteht aus Unternehmen, NGOs, Instituten, die wirklich wissenschaftlich arbeiten, und vielen weiteren Akteuren, die ein Ziel verfolgen: Sie wollen den erneuerbaren Energien zum Durchbruch verhelfen. Ren21 hat die größten Fossilkonzerne der Welt untersucht und ist zu einem demaskierenden Ergebnis gekommen: Das Engagement dieser Konzerne für $CO_2$-arme Lösungen oder Erneuerbare ist vernachlässigbar. Selbst wenn man, und das tun alle fossilen Konzerne, Erdgas zu den $CO_2$-armen Lösungen zählt.[33]

Um die Größenordnungen deutlich zu machen: Die 20 größten fossilen Energieunternehmen sind alleine für rund ein Drittel aller Treibhausgasemissionen seit 1965 verantwortlich. Angeführt wird die Liste der größten Treibhausgasverursacher von Saudi Aramco, gefolgt von Chevron, Gazprom und ExxonMobil.[34]

Um diese fatale Rolle bei der Verwüstung unserer Erde zu vertuschen, investieren diese Unternehmen viele 100 Millionen Dollar in Greenwashing und Greenscamming. Allein im Jahr 2019 gaben die fünf Ölkonzerne BP, Shell, ExxonMobil, Chevron und Total rund 200 Millionen Dollar für Lobbying aus. Mit dem Ergebnis, dass 503 Lobbyisten fossiler Brennstoffe die größte Delegation auf der COP26 in Glasgow stellten. Zum Vergleich: Zum Schutz des Amazonas-Regenwaldes stellten die G7 im gleichen Jahr 20 Millionen Dollar zur Verfügung.[35]

Die Fossillobby in den USA ist besser organisiert, länger am Hebel und an Dreistigkeit kaum zu übertreffen. Aber wir haben in Deutschland auch einiges zu bieten. In Deutschland ist die bekannteste Organisation das sogenannte Europäische Institut für Klima und Energie (EIKE). Es beschäftigt keinen einzigen Klimawissenschaftler und hat noch nicht einmal eine physische Büroadresse. Die Website verbreitet Fake News zum Klimawandel und unterstützt aktuell vor allem die AfD in ihrem Leugnen der von Menschen gemachten Klimaerhitzung.

Ein aktueller Fall von Greenscamming war die bis Frühjahr 2022 in Schwerin ansässige Stiftung Klima- und Umweltschutz MV. Diese Stiftung wurde mit 20 Millionen Euro Stiftungskapital von der Nord Stream 2 AG, einer Tochter des russischen Staatskonzerns Gazprom, versorgt. Im Vorstand fand sich der ehemalige Ministerpräsident des Landes Mecklenburg-Vorpommern, Erwin Sellering. Nach außen wurde die Gemeinwohlorientierung der Stiftung betont. Aber ihr eigentlicher Zweck war, die Gaspipeline aus Russland an den Start zu bringen. Durch den Krieg Russlands gegen die Ukraine war diese Fake-Klima-Stiftung politisch nicht zu halten.

## Falle 5: Sicherheit und Verniedlichung

### *Erreichbarkeit – »Berlin ist kein Bullerbü«*

Je mehr man sich mit den Ursachen unserer Klimakrise beschäftigt, desto mehr ist ein immer gleiches Muster erkennbar, gegen das man kommunikativ ankämpfen muss. Von einzelnen großen Firmen und ihren Lobbyisten werden die Verhältnisse so beeinflusst und dargestellt, dass die eigenen Produkte unentbehrlich erscheinen. Was vorher gut funktioniert hat, gerät in Vergessenheit und gilt wahlweise als rückständig oder zu popelig. Hier einige Beispiele:

### *Stadt ohne Auto*

Erstes Beispiel: Mobilität

Eine Stadt ohne Autos wird von diesen Kreisen als Ökoillusion diffamiert: Der Wohlstand sei in Gefahr, und die Erreichbarkeit des Zentrums sei überlebenswichtig für eine prosperierende Stadt. Die Erreichbarkeit mit dem Auto, versteht sich. Die amtierende Berliner Bürgermeisterin Franziska Giffey verstieg sich im Wahlkampf 2021 zu der Äußerung »Berlin ist halt nicht Bullerbü«. Dass das einfachere Verkehrsmittel, das Fahrrad, oder gar das Zu-Fuß-Gehen viele Nahverkehrsprobleme lösen kann, wird lächerlich gemacht.

Ein anderes Narrativ ist, dass man auf dem Land ohne Auto nicht leben kann. Das stimmt heute größtenteils, insbesondere weil nach dem Zweiten Weltkrieg systematisch Schienen im ländlichen Raum abgebaut und massiv Straßen für Autos in die Landschaft gesetzt wurden. Fahrradfahren und Zu-Fuß-Gehen ist selbst in manchen Dörfern wegen der autogerechten Infrastruktur nahezu unmöglich, mindestens aber gefährlich.

Begründung: Erreichbarkeit, Bezahlbarkeit von Mobilität, wirtschaftliche Notwendigkeit, Arbeitsplätze und Mobilitätssicherung.

### *Energiesicherheit – Kohle und Atom*

Zweites Beispiel: Energie

Über Jahrzehnte wurden Kohle- und Atomenergie mit vielen Milliarden vom Staat gesponsert. Als die Ersten von Sonnen- und Windenergie sprachen in unserem Land, wurden sie lächerlich gemacht. Grüne Spinner! Naturenergien seien Spielkram, für das enorme Energiebedürfnis einer Stahl-, Chemie-, Autoindustrie taugten sie nichts. Da müssten die richtigen Energien ran. Unter anderem brauche man dafür die größten Braunkohlelöcher Europas, die gleichzeitig die größten $CO_2$-Schleudern sind. Gleichzeitig blieb die Energieversorgung unseres Landes in den Händen eines staatlich gepamperten Oligopols, das sich den Markt regional aufgeteilt hatte.

In den 70er-Jahren kamen die Atomkraftwerke dazu. Modern, sauber, endlose Energie, so die Versprechen. Wohin mit dem Müll? Das regeln wir später. Wer gegen diese Modernisierung sei, gefährde unseren Wohlstand. Auch hier gilt, dass die einfachere Lösung hilft. Energie aus Sonne, Wind, Wasser und aus der Wärme der Erde können quasi mikroinvasiv geerntet werden. Man braucht keine riesenhaften Maschinen dafür wie beim Braunkohletagebau. Man muss nicht ganze Landstriche und Ökosysteme vergiften wie beim Erdgasfracking. Und man braucht keine dreifach gebündelten Sicherungskonzepte, die eine für die Umgebung tödliche Kernschmelze in einem Kernkraftwerk verhindern sollen. Die herkömmliche Energieproduktion schafft Unsicherheit durch gefährliche und zerstörerische Abbaumethoden. Und sie gefährdet unser Leben, wahlweise durch die Produktion von Unmengen von Treibhausgasen oder von atomarem Müll, der in Zehntausenden von Jahren noch strahlt und entsprechend eingebunkert werden muss. Aber seit 50 Jahren hat die Bundesregierung keinen sicheren Ort für ein Endlager für Atommüll gefunden.

Auch hier sehen wir eine fatale Nähe von Großindustrie und Politik, zuletzt vor laufenden Kameras am Hambacher Forst zu besichtigen. Dort sicherte eine Armada von Polizei im Auftrag der Landesregierung von Nordrhein-Westfalen das Recht von RWE, weiter Braunkohle zu baggern, ohne Rücksicht auf Natur und auf Dörfer, die halt weichen müssen, wenn Deutschland Energie braucht. Und wieder die übliche Propaganda: Gegnerinnen und Gegner des Raubbaus werden als linksterroristische Subjekte diffamiert. Und auch hier findet sich die selbst erfüllende Prophezeiung. Weil fossile oder atomare Energie vom Staat massiv gestützt wurde und weil die erneuerbare Alternative mit Ausnahme eines Intermezzos in der Regierungszeit des grünen Umweltministers Jürgen Trittin eher systematisch behindert wurde und wird, beispielsweise mit der Abstandsregel von Windrädern in Bayern, sind die Energieverhältnisse so, wie sie sind. Offizielle Begründung: wirtschaftliche Notwendigkeit, Bezahlbarkeit von Energie, Arbeitsplätze und Versorgungssicherheit.

### *Ernährungssicherheit – nur Größe zählt*

Drittes Beispiel: die industrielle Landwirtschaft.

Ein Subventionssystem der Europäischen Union, das über Jahrzehnte Milliarden in den Bauernstand gepumpt hat nach dem Prinzip »Nur Größe zählt«. Alle Versuche, in Deutschland ökologische Prinzipien in der Landwirtschaft zu verankern, scheiterten an dem von der CSU geführten Agrarministerium und der Lobby des konventionellen Landbaus, dem Deutschen Bauernverband. Auch hier das gleiche Muster. Ökologische Landwirtschaft, gar Permakultur wird lächerlich gemacht. Diese kleinen Gurken und unförmigen Kartoffeln mögen eine großstädtische, abgehobene Elite ernähren, aber wenn wir die Ernährungssicherheit für die »normalen« Menschen gewährleisten wollen, muss Landwirtschaft genauso stattfinden wie derzeit. Weitgehende Monokulturen werden mit großen Maschinen effizient bearbeitet. Diese Monokulturen brauchen Pestizide, Herbizide und Fungizide, um die sogenannten Schädlinge in Schach zu halten. Und sie brauchen sehr viel Düngemittel, um aus den ausgelaugten Böden die Mengen herauszupressen, die die industriellen Großbauern produzieren müssen, um bei dem massiven Kapitaleinsatz, den sie haben, über Wasser zu bleiben. Wer sich politisch gegen solche selbstzerstörerischen Praktiken unserer Nahrungsmittelindustrie wendet, erntet entweder Treckerblockaden in den Hauptstädten, wahlweise mit Mistabwurf oder ohne, oder gleich massive Rücktrittsforderungen. Wir haben als Agentur diese Erfahrung gemacht mit einer Kampagne für die damalige Umweltministerin Barbara Hendricks. Dafür hatten wir »neue Bauernregeln« erfunden, wie beispielsweise »Steht das Schwein auf einem Bein, ist der Schweinestall zu klein«. Kleine Teaser der Kampagne im Netz reichten aus, um den Bauernverband in Stellung zu bringen. Der Shitstorm war so gewaltig, dass diese Kampagne nie plakatiert wurde.

Die aggressive Verteidigung der industriellen Landwirtschaft, gepaart mit unserer ungesunden Ernährungsweise, ist für eine ganze Reihe fataler Entwicklungen verantwortlich. 70 Prozent der Ackerflächen in den USA sind allein für den Anbau von Futtermitteln vorgesehen. Damit wird die mächtige Burger- und Steakindustrie versorgt. Die Chemie, die auf den Acker geworfen wird, kann schon seit Jahrzehnten in der Muttermilch nachgewiesen werden. Außerdem tötet Agrarchemie das Leben im Boden, was die Biodiversität auf der Erde immer weiter reduziert. Noch fataler ist: Die Phosphor- und Nitratdüngung landet im Boden, in Flüssen und Seen und führt zu massiver Überdüngung der dortigen Biotope. Außerdem zerstört konventionelle Landwirtschaft einen riesigen natürlichen Kohlenstoffspeicher.

Die Zerstörung der Mikroorganismen im Boden, die permanente Zerstörung des Mutterbodens durch maschinelles Pflügen setzt Unmengen an $CO_2$ aus dem Boden frei, das sonst dort gebunden werden könnte. Gesunder, humusreicher Boden ist die effektivste Möglichkeit, Kohlenstoff zu speichern. Der französische Agrarminister lancierte zur COP21 in Paris eine Initiative mit dem Titel »4 for 1000«. Der Hintergund: 0,4 Prozent mehr Humus im Boden reichen aus, um die Menge an $CO_2$ im Boden zu binden, die pro Jahr von der gesamten Menschheit ausgestoßen wird.

Die Begründungen für diese fatale Landwirtschaft: wirtschaftliche Notwendigkeit, Bezahlbarkeit von Nahrungsmitteln, Arbeitsplätze und Ernährungssicherheit.

Wir versetzen den gesamten Planeten in einen Zustand der Unsicherheit und Zerstörung mit der Begründung von Sicherheit und Wohlstand.

## Exkurs Landwirtschaft

Unsere industrielle Landwirtschaft ist ein mehrfach zerstörerisches System. Es braucht immer mehr Land, wofür Wildnis und Regenwald gerodet werden. Wir düngen zu viel und werfen zu viel Chemie auf den Acker. Das System degradiert unsere Böden und setzt dabei Treibhausgase frei, und die intensive Viehhaltung treibt diese Entwicklung weiter an und macht uns überdies krank. Deshalb will ich hier exemplarisch zeigen, wie groß die Aufgabe alleine schon in diesem Bereich ist.

Zu Beginn der Coronapandemie gerieten die Schlachthöfe des deutschen »Fleischoligarchen« Clemens Tönnies in die Schlagzeilen. Unmenschliche Lebens- und Arbeitsbedingungen für Mitarbeiter, die weitgehend aus Osteuropa stammen, gerieten endlich in den Fokus der Öffentlichkeit. Nicht, wie man denken könnte, wegen der unhaltbaren sozialen Bedingungen, unter denen die Beschäftigten zu leiden hatten, oder wegen der maschinellen Tötungsmaschinerie, in der über 20.000 Schweine am Tag geschlachtet werden, sondern wegen erster Coronahotspots unter den Arbeitern. Anstrengende Arbeit in feuchtkalter Umgebung, extrem beengte Wohnverhältnisse und unkontrollierte Arbeitszeiten begünstigten die Übertragung des gefährlichen Virus und legten durchaus den Begriff »Arbeitssklaven« nahe. Tönnies ist ein besonders prominentes Beispiel für die Missstände im aktuellen deutschen System der Nahrungsmittelerzeugung. Die Gülle stinkt buchstäblich zum Himmel.

Maja Göpel beschreibt in ihrem Buch *Unsere Welt neu denken* die Übertragung der naturwissenschaftlichen, aufklärerischen Denkweise auf die Landwirtschaft. Was dabei abhandenkomme, so ihr Fazit, sei der Blick fürs Ganze, für Vielfalt und für komplexe Systeme. »Stattdessen sieht die Welt nun so aus: Wald ist nichts weiter als Holz, Erde ist eine Halterung für Pflanzen, Insekten sind Schädlinge. Und das Huhn ist ein Ding, das Eier legt und Fleisch liefert.«[36]

Das Agrarsystem optimiere Pflanzen oder Tiere auf ein bestimmtes Ergebnis hin. Göpel kritisiert dieses System im Umgang mit Pflanzen und Lebewesen als ethisch bedenklich.

»So funktioniert das System, nach dem allein in Deutschland in einem Jahr 12 Milliarden Eier produziert und 650 Millionen Hühner geschlachtet werden – und 45 Millionen Kücken geschreddert. Und dann im nächsten Jahr wieder«, so beschreibt Maja Göpel die Massenproduktion in der Hühnerwirtschaft.

Landwirtschaft ist der Hauptgrund für Biotopzerstörung, der Hauptgrund für den Verlust an Wildtieren, der Hauptgrund für das Artensterben. Landwirtschaft ist für 80 Prozent der Entwaldung in diesem Jahrhundert verantwortlich. Von 28.000 Arten, die vom Aussterben bedroht sind, sind 24.000 durch Landwirtschaft bedroht. Nur vier Prozent der Säugetiere auf der Erde leben noch wild. Menschen stellen 36 Prozent, und die restlichen 60 Prozent ist unser weltweiter Viehbestand.[37]

60 Prozent unserer Ackerböden in Deutschland sind mit Futtermittel für die billigen Steaks und Schnitzel bepflanzt. 14 Prozent werden für sogenannten Biosprit in unsere Autotanks gefüllt. Nur rund 20 Prozent unserer Flächen produzieren pflanzliche Nahrungsmittel. In vielen Regionen der Welt wird durch den Krieg in der Ukraine nicht nur der Sprit teurer, es herrscht Hunger in vielen Ländern des Südens. Aber zum Tempolimit auch noch ein Schnitzellimit?

Nach dem Zweiten Weltkrieg erlangte das industrielle Paradigma auch in der Landwirtschaft Dominanz. Pilze, andere Pflanzen, Tiere, Mikroorganismen wurden als Feinde der Nahrungspflanze betrachtet und mussten bekämpft werden. Der Siegeszug der Pestizide, Herbizide und Fungizide begann. Die Agrarflächen wurden auf effizient maschinell zu bearbeitende Monokulturen umgebaut. Mit »Kunstdünger«, also in den Laboren von Bayer, BASF oder Dow Chemical hergestelltem Stickstoffdünger, wurde das Wachstum künstlich gefördert. In den letzten Dekaden kamen genmanipulierte Getreidesorten zum Einsatz, die der ausgebrachten Chemie besser widerstehen können. Das großflächige Umpflügen der Böden zerstörte zusätzlich das Bodenleben. Die Folge sind sogenannte degradierte Böden, die Kohlenstoff nicht mehr binden, sondern freisetzen. Derartig traktierte Böden werden zu $CO_2$-Schleudern und Agrarwüsten. Fachleute schätzen, dass mehr als die Hälfte aller Ackerböden auf der Welt inzwischen zerstört sind.

Schwer zu verstehen ist das Verteidigen von Zuständen oder Paradigmen, die offenbar Stress verursachen und nicht zukunftsfähig sind. Das

Verteidigen der aktuellen Agrarpolitik, die auch mit Milliarden EU-Subventionen weiter die Größe der Höfe belohnt und nicht deren nachhaltige Anbaumethoden, kann bei genauer Betrachtung nicht im Sinne der Landwirte sein, der ökologisch wirtschaftenden sowieso nicht, aber auch nicht der konventionell arbeitenden. Letztere müssen immer größere Einheiten bewirtschaften, daher immer größere Geräte einsetzen, also immer mehr Kapital einsetzen, immer mehr chemische Schutzmittel und Dünger ausbringen, und sie erwirtschaften damit immer kleinere Margen.

Bist du allerdings in ein falsches System mit allem, was du hast, und mit einer nennenswerten Verschuldung integriert, kommt jedes Infragestellen dieses ja auch selbstzerstörerisch wirkenden Systems einer Existenzbedrohung gleich. Es kann und darf immer nur weitergehen im Falschen. Ein Aus- oder Umstieg ist aus der geschlossenen Logik des Größer und Mehr der industrialisierten Landwirtschaft nicht vorstellbar.

Die Agrarwissenschaftlerin Gesa Maschkowski erklärt es so: »Es gibt immer diesen Punkt, von dem an alle in die falsche Richtung drehen. Es geht dann darum, diese falschen Spielregeln zu enttarnen.« Ein Paradigmenwechsel gelinge aber nur mit den Bauern und mit dem Bauernverband. Es hilft nicht weiter, den Bauernverband als Buhmann zu behandeln. Wir müssten die richtigen Fragen stellen: Sind das die richtigen Spielregeln, wenn wir fünf bis sechs fossile Kalorien einsetzen müssen, um eine Nahrungskalorie zu erzeugen?

Warum das ganze Aufheben um unser Essen? Nun, 14,5 Prozent aller Treibhausgasemissionen weltweit stammen aus der Landwirtschaft. Die Hälfte davon von den Rülpsern und Pupsen der Wiederkäuer, vor allem Rinder und Schafe.[38] 52 Prozent unserer Böden weltweit sind degradiert. Und der letzte IPCC-Bericht hat die enorme Pufferleistung des Planeten noch einmal unterstrichen: 56 Prozent aller Treibhausgase, die wir Menschen in die Atmosphäre geblasen haben, sind vom Erdsystem wieder aufgenommen worden. Die Hälfte vom Land, also Boden und Pflanzen, und die andere Hälfte vom Ozean. Und wenn wir auf Deutschland schauen, dann weil rund 61 Millionen Tonnen oder acht Prozent unserer Treibhausgasemissionen aus der Landwirtschaft stammen. Auch hierzulande machen die Methanpupse der Wiederkäuer, also von Rindern und Schafen, davon mehr als die Hälfte aus. Knapp 39 Prozent stammen aus Lachgasemissionen. Diese entstehen in der Hauptsache durch die Ausbringung von mineralischen und organischen Düngern auf landwirtschaftlichen Böden. Und das Aufreißen der Böden mit Pflügen, die Monokulturen, die auf maschinelle Bearbeitung angelegt sind, setzen im Boden gebundenes $CO_2$ frei.[39]

»Es ist durchaus eine Leistung, dass ein Landwirt inzwischen 140 Menschen ernährt. Vor ein paar Jahrzehnten waren es noch 10«, beschreibt Maschkowski die industrielle Revolution in der Landwirtschaft. Aber der Preis sei zu hoch. Für den einzelnen Bauern, für die Natur, für die Böden, die Biodiversität, die Menschheit insgesamt. »Wir huldigen einem Effizienzparadigma, das sich alleine auf die Arbeitskraft bezieht. Weil wir vor allem Arbeitskraft besteuern. Wir sollten Naturverbrauch besteuern, Arbeitskraft entlasten und damit einer kleinteiligeren, arbeitsintensiveren und ökologischen Landwirtschaft buchstäblich den Boden bereiten«, fordert Maschkowski.

Maschkowski bekommt Unterstützung von einer internationalen Wissenschaftskommission der EAT Lancet Commission on Food, Planet, Health. Die Aufgabe der insgesamt 37 Wissenschaftler:innen war klar: Wie können wir eine zukünftige Weltbevölkerung von zehn Milliarden Menschen gesund ernähren innerhalb der planetaren Grenzen? Das Ergebnis der Kommission: Wir ernähren mit einem gleichbleibenden $CO_2$-Ausstoß von rund fünf Gigatonnen dann zehn Milliarden Menschen. Wir ernähren sie nur anders als heute die 7,5 Milliarden. Für uns in Deutschland bedeutet die *planet health diet*, die »Ernährung für einen gesunden Planeten«, gravierende Veränderungen unserer Routinen. Wir sollten 50 Prozent mehr Obst essen als heute, 75 Prozent mehr Hülsenfrüchte und 150 Prozent mehr Nüsse. Und eine *planetary health diet* ist nicht vegan. Wir reduzieren unseren Tierbestand in Deutschland allerdings um 75 Prozent. Das verbleibende Viertel brauchen wir für die Beweidung von Grasland. Durch das Abfressen der Gräser an der Oberfläche intensivieren die Pflanzen ihr Wurzelwachstum und binden so mehr Kohlenstoff im Boden. Die Tiere müssen dazu systematisch von einer Parzelle zur nächsten geführt werden, damit sie die Bindung von $CO_2$ im Boden über die ganze Fläche verbreiten und keine Überweidung stattfindet.[40]

Die Herausforderung ist der in der Mobilität vergleichbar. Wir brauchen einen kompletten Denkwechsel, ein neues Paradigma von Zukunftslandwirtschaft. Und fast alle Förderrichtlinien und fast alle EU-Subventionen bedienen die falsche Richtung. Außerdem haben die großen Chemiekonzerne, die Erdöllobby und der Bauernverband unterschiedlich gelagerte Interessen, die aber in der Summe auf den Erhalt des fatalen Systems zielen.

Maschkowski fordert eine »Nationale Ernährungsstrategie« für Deutschland. Um diese völlig neue Aufteilung in der Landwirtschaft zu verankern, brauchen wir nichts weniger als eine »neue landwirtschaftliche Revolution«.

KAPITEL 4

# Wer?

## Wer oder was bestimmt unser Verhalten?

»Wir treffen nie Entscheidungen, indem wir ›rein sachlich und objektiv‹ Fakten gegeneinander abwägen. Nie.«
Elisabeth Wehling

**Sprich nicht über deine Gegner. Sprich über Gefühle.**
Menschen treffen nie Entscheidungen aus rein rationalen Erwägungen. Entscheidend für individuelles Verhalten sind immer Emotionen. Geschichten über Individuen lösen deutlich stärkere Emotionen aus als etwa eine Katastrophenmeldung über das Schicksal von Tausenden oder gar Millionen Menschen. Evolutionär war es von Vorteil für Menschen zu kooperieren. Deshalb orientieren sie sich extrem ausgeprägt am Verhalten der Bezugsgruppe. Erste Erkenntnis: Selbst bei eindeutig falschen Festlegungen einer Gruppe, der sie sich zugehörig fühlen, folgen sehr viele diesen offensichtlichen Fehlern.

Eine zweite Erkenntnis ist: Worte prägen unser Denken und Handeln. Nur zwei Prozent unserer Handlungen folgen bewussten Überlegungen. Zu 98 Prozent folgen wir unseren Vorerfahrungen und Routinen, die in Frames, Rahmen, codiert sind. Je nachdem, wie ich einen Sachverhalt beschreibe, wie ich ihn »frame«, löst er unterschiedliche Assoziationen und Gefühle bei mir aus. Je nach Framing einer Nachricht entscheide ich mich für oder gegen eine Handlung. In diesem Kapitel geht es also darum, warum Menschen aktiv werden – oder in ihren Routinen verhaftet bleiben. Eine zentrale Frage für die große Transformation zur Nachhaltigkeit.

Niki Harré zitiert in ihrem Buch *Psychology for a better world* eine Studie, die interessante Erkenntnisse über den Effekt von Daten und Zahlen über großes Elend und Leid offenbart. In dieser Studie wurden den Teilnehmenden fünf Dollar zum Spenden zur Verfügung gestellt. Einem Drittel wurde das Beispiel des siebenjährigen Mädchens Rokia erzählt. Sie lebt in Mali in Armut, vom Hungertod bedroht. Die Spende kann helfen, Rokia zu ernähren, ihr eine Schulbildung zu ermöglichen, sie zu retten. Diese Gruppe spendete 2,38 Dollar. Ein weiteres Drittel der Teilnehmer:innen bekam Statistiken bezüglich der allgemeinen Situation: Mehr als drei Millionen Kinder sind von der Lebensmittelknappheit in Malawi betroffen. In Sambia wurden nach anhaltendem Regenmangel 42 Prozent weniger Mais produziert als noch im Jahr 2000. Es ist eine riesige humanitäre Katastrophe. Dieses Drittel spendete weniger als die Hälfte, nur 1,14 Dollar. Und dem dritten Drittel wurden beide Informationen gegeben. Erstaunlicherweise spendete dieses Drittel auch nur 1,43 Dollar.

In dem vorliegenden Beispiel wird deutlich, dass durch Berichte über Millionen Hungernde die Empathie in Hilflosigkeit erstickt. Wenn man über die Dimensionen des Problems liest, erscheint einem die eigene Spende fast sinnlos. Es geht nicht mehr darum, dass man sich von Mensch zu Mensch mit der entsprechenden Wärme hilft. Bestenfalls hat man das Gefühl, einer Pflicht nachzugehen, indem man denen, die weniger Glück im Leben haben als man selbst, etwas gibt. Die Empathie wird diffus.

In der Psychologie nennt man das »Verantwortungsdiffusion«. Sie tritt auch auf, wenn beispielsweise jemand auf einem belebten Platz überfallen wird. Die Chance, dass einer der vielen hundert Augenzeugen hilft, ist geringer, als wenn der Überfall in einer wenig belebten Straße erfolgt. Weil alle denken, ein anderer könnte doch auch helfen. Wir können immer nur einzelnen Menschen gegenüber empathisch sein, nicht in Bezug auf große Gruppen. Und wir übernehmen weniger Verantwortung in einer großen Gruppe. Wird also ein einzelner Mensch herausgegriffen und der Effekt einer Spende für diese einzelne Person beschrieben, wächst die Empathie.[41]

## Herdentier Mensch: Was alle sagen, muss wohl wahr sein

All unser menschliches Handeln auf der Erde wird bestimmt durch unsere Psyche, unsere Routinen und Glaubenssätze, unseren Gruppenzwang und den *confirmation bias*, den »Bestätigungsfehler«. Dieser »Bestätigungsfehler« lässt uns Fakten, die unser Vorurteil bestätigen, stärker berücksichtigen. Diese tief in unseren Genen und unseren archaischen Verhaltensmustern wurzelnden Mechanismen prägen unser alltägliches Verhalten genauso wie das systemische Verhalten als CEO eines Kohlekonzerns oder als Gründerin eines nachhaltigen Start-ups. Insofern ist es gleichermaßen wichtig, auf die psychologischen Strategien zur individuellen Verhaltensänderung einzugehen, wie die oft versteckten Mechanismen der systemischen Fehlorientierung zu entschlüsseln.[42]

Der Mensch ist ein soziales Wesen, man könnte auch sagen: ein Herdentier. Evolutionär war es sinnvoller, mit der Gruppe, in der man lebte, einig zu sein, als allein recht behalten zu haben.

Das führt noch heute dazu, dass wir uns an sozialen Normen orientieren oder einfach Verhalten aus unserer Peergroup imitieren. Wenn Ihr Gegenüber gähnt, gähnen Sie mit hoher Wahrscheinlichkeit auch, Ehepaare gleichen sich im Laufe ihres Zusammenlebens an, sie sehen buchstäblich ähnlich aus. Wenn in Ihrem Freundeskreis die Menschen zur Fettleibigkeit neigen, ist die Wahrscheinlichkeit sehr hoch, dass Sie auch einige Pfunde zu viel mit sich herumschleppen. Und, noch krasser: In Gemeinschaften, in denen Teenagerschwangerschaften bereits verbreitet sind, ist die Wahrscheinlichkeit höher, dass weitere Teenager schwanger werden. Richard H. Thaler und Cass R. Sunstein haben diese Beispiele in ihrem Buch *Nudge – Wie man kluge Entscheidungen anstößt* zusammengetragen.[43]

In ihrem Kapitel »Der Herde folgen« zitieren sie die einschlägigen, aber nicht minder überraschenden verhaltenspsychologischen Studien, die diese fast sklavische Orientierung an der Peergroup belegen. [44]

Der Sozialpsychologe Solomon Asch gilt als Pionier dieser Forschung. Er führte in den 1950er-Jahren Studien wie die folgende durch:

Einer Gruppe von sechs Menschen wird eine Linie auf einer Karte gezeigt. Sie sollen die gleich lange Linie auf einer Leinwand identifizieren. Da diese Aufgabe keine Zweifel zulässt, weil nur eine Antwort infrage kommt, antworten anonym in drei Durchgängen jeder für sich alle sechs gleich. Alle sind sich einig. Und jetzt stellen Sie sich vor, in der nächsten Runde sind die Antworten der anderen Studienteilnehmer:innen zu hören, und alle fünf vor Ihnen wählen eine andere Linie als die gleich lange. Eine offensichtlich falsche Antwort, aber fünf Menschen vor Ihnen tragen diese Antwort mit Überzeugung vor. Natürlich würden Sie sich nicht beeinflussen lassen, so denken die meisten. Die Wahrheit ist, mehr als ein Drittel der Probanden schloss sich der offensichtlich falschen Antwort an. Solomon wiederholte diese Tests über 100-mal in insgesamt 17 verschiedenen Ländern aus unterschiedlichen Kulturkreisen. Ergebnis überall: 20 bis 40 Prozent der Studienteilnehmer:innen schlossen sich der mehrheitlich propagierten falschen Antwort an. Bei neuen Analyseverfahren mit »Neuroimaging« wurde sogar belegt, dass die von der Mehrheit irregeleiteten Probanden die falsche Antwort nicht nur vorspielen, sondern wirklich selbst glauben, dass die anderen recht haben, und die Antwort auch so »sehen«.

Diese Macht der gefühlten Mehrheit, oder anders gesagt, der Einfluss der Peergroup, erklärt unter anderem den extremen Einfluss von Fake News, die Überzeugungskraft von Sekten oder lautstarken Führern. Es war beispielsweise im vergangenen US-Wahlkampf für Trump-Sympathisant:innen nicht mehr entscheidend, dass unabhängige Beobachter:innen einen einwandfreien Ablauf der Wahl bestätigten, vielmehr glaubten sie inbrünstig die laut und wiederholt von ihrem Idol vorgetragene Erzählung vom Betrug und von den gestohlenen Stimmen seitens der Demokraten und Joe Bidens. Der unerschütterliche Glaube, im Recht zu sein, trieb einige von ihnen schließlich bis ins Kapitol. Der gewalttätige Angriff auf das Parlament machte das brüchige Fundament der amerikanischen Demokratie sichtbar.

Thaler und Sunstein belegen mit weiteren Beispielen, dass Menschen an einmal verinnerlichten »Wahrheiten« über lange Zeit festhalten, auch wenn sich die Rahmenbedingungen verändert haben. Sie nennen diese Tendenz, an einmal etablierten Mustern festzuhalten »kollektiven Konservatismus«.[45]

Dieser erklärt, warum Menschen oft unreflektiert das tun, was sie immer getan haben. Beispiele für solche »Haben wir immer so gemacht«-Glaubenssätze sind zum Beispiel: »Wir sind hier aufs Auto angewiesen« oder »Jungs müssen Fleisch essen«. Die damit gekoppelte »pluralistische Ignoranz« sorgt ebenso für ein Beibehalten eines einmal eingeübten Verhaltens. Wir tun bestimmte Dinge, nicht weil wir sie selber mögen oder mindestens für vertretbar halten, sondern weil wir glauben, dass die Mehrheit unserer Mitmenschen dahintersteht.[46]

Solomon Asch suchte mit seiner Forschung nach Erklärungen für den Sieg des deutschen Nationalsozialismus. Kann der Konformitätsdruck in einer Gesellschaft dazu führen, dass auch sehr abwegige Ideen und Handlungen als richtig akzeptiert werden?

In einer Untersuchung bat er die Probanden, zu folgender Behauptung Stellung zu nehmen: »Die freie Meinungsäußerung ist eher ein Privileg als ein Recht, und es ist vertretbar, dass sie eingeschränkt wird, wenn eine Gesellschaft sich bedroht fühlt.« Einzeln Befragte stimmten zu 19 Prozent dieser Aussage zu. In einer anderen Gruppe konfrontierte man die Testperson mit der klaren Bejahung dieser Aussage durch vier weitere Gruppenmitglieder. Danach stimmten 58 Prozent der Aussage zu.

### *Müllvermeidungskampagne nutzt Gruppendruck*

Eine entscheidende Frage im Kontext von Verhaltensänderung hin zu einem nachhaltigen Verhalten ist die: Ist es möglich, Kampagnen zu entwickeln, mit denen man Menschen eine nachhaltig bessere Richtung aufzeigen kann?

Ein beeindruckendes Beispiel ist die immer noch legendäre Kampagne »Don't mess with Texas«.[47] Es ging darum, das gedankenlose Wegwerfen von Dosen, Flaschen, Müll aller Art aus den Autofenstern in Texas einzudämmen. Kein Appell, keine Kampagne hatte es bisher geschafft, das Abfallproblem entlang der texanischen Highways in den Griff zu kriegen. Besonders cool fanden diese schnelle Form der Müllbeseitigung junge Männer zwischen 18 und 24 Jahren. Und diese Spezies hält naturgemäß wenig von Verordnungen aus Amtsstuben. Also ersann eine Werbeagentur den markigen Claim »Don't mess with Texas«, »Leg dich nicht mit

Texas an«. Er appellierte an den texanischen Nationalstolz. Dieser wurde durch die blau-weiß-rote Farbgebung unterstrichen, nicht nur der Farbcode der USA, sondern auch der von Texas. Footballspieler und Countrysänger wurden als Testimonials angeheuert und machten den einfachen Satz berühmt. Im ersten Jahr der Kampagne reduzierte sich der Müll an den Straßen um 29 Prozent, in den ersten sechs Jahren um 72 Prozent. Nach kurzer Zeit kannten 95 Prozent der Texaner den Werbespruch.

Welche Lehren kann man daraus ziehen? Verstehe deine Zielgruppe. Knüpfe an deren Werten und Normen an. Mach dich deiner Zielgruppe verständlich. Suche dir Botschafter deiner Idee, die in der Zielgruppe respektiert werden. Wenn der Eindruck entsteht, dass die für die Zielgruppe Wichtigen sich auch so verhalten, gibt es gute Chancen, dass der Appell verfängt.

Ein weiteres Beispiel beleuchtet die Orientierung an der Norm eindrücklich, und es geht um ein Thema, das uns angesichts unserer bedrohten fossilen Energieversorgung aus Russland aktuell betrifft – das Energiesparen. In einer Studie in der kalifornischen Stadt San Marcos wurden 300 Haushalte zusammen mit ihren Energierechnungen mit Informationen zu ihrem Energieverbrauch beschickt. Den einen sagte man, dass sie Geld sparen könnten, wenn sie weniger Energie verbrauchten, den anderen, dass sie den Planeten vor der Klimaerhitzung retten könnten, den Dritten, dass sie gute Bürger:innen wären, wenn sie Energie sparten, weil das der Stadt Investitionen erspare. Viele glauben, der Hinweis auf das Geldsparen würde Veränderung auslösen. Leider falsch. Alle drei Informationen veränderten den Energieverbrauch nicht signifikant. Die vierte Information war entscheidend. Sie teilte den Menschen mit, wie sie zum Durchschnitt ihrer Nachbarn liegen. Das war der Gamechanger. Wer schlechter als seine Nachbarn lag, sparte kräftig ein. Wer besser lag, ließ es lockerer angehen. Man nennt das den »Bumerangeffekt«. Der Effekt bewirkt, dass Menschen, die bescheinigt bekommen, dass sie schon besser sind als der Durchschnitt, in ihren Ambitionen nachlassen. Um diesen Effekt zu vermeiden, setzten die Forscher einen einfachen »Nudge« ein. Als »Nudge« bezeichnet man einen psychologischen Anstoß, wörtlich »Schubser«, der Menschen zu einem erwünschten Verhalten bewegen soll. Diejenigen Haushalte, die besser als der Durchschnitt lagen, bekamen mit ihrer Rechnung ein lächelndes Smiley zugeschickt. Die Energieverschwender bekamen ein unglücklich ausschauendes Smiley geschickt. Der Effekt ist frappierend. Die Energieverschwender sparten noch mehr ein. Und die Energiesparer sparten allerdings auch weiter. Der Bumerangeffekt blieb komplett aus.[48]

Nur der Vergleich mit den Nachbarn führt zum Handeln.

## Framing – Worte bestimmen unser Leben

Worte verändern die Welt. Warum ist das so? Weil wir denken, was wir sagen, und weil wir tun, was wir denken. Wie sehr wir das tun und in welchem Ausmaß die Wahl der Worte nicht nur unser Denken, sondern auch unser Tun beeinflusst, überrascht. Elisabeth Wehling führt uns die extrem prägende Wirkung von Worten in ihrem Buch *Politisches Framing* sehr deutlich vor Augen.[49]

Worte stehen nie für sich allein, sie aktivieren in unserem Gehirn Bedeutungsrahmen, und diese bestimmen unsere Einordung der gehörten Worte. *Homo sapiens sapiens* ist keineswegs so rational, vernünftig und objektiv, wie Wissenschaftler:innen, Journalist:innen, Ökonom:innen oder auch wir selbst behaupten oder gerne glauben möchten. »Unser Denken ist nur zu zwei Prozent ein bewusster Prozess«, quantifiziert Wehling unsere »geistige Freiheit«.[50] Kahnemann veröffentlichte 1991 eine Studie, die diese durch Worte ausgelöste Frame-Orientierung, die wiederum komplett irrationale Entscheidungen nach sich ziehen kann, eindrücklich bestätigt. »Probanden mussten entscheiden, ob Patienten, die an einer schweren Krankheit litten, einen potenziell heilenden Eingriff durchführen lassen sollten oder nicht. Das Risiko, bei dem Eingriff zu sterben, lag bei 10 Prozent. Jene Probanden, denen dieser Fakt als 90-prozentige Überlebenschance kommuniziert wurde, entschieden sich für den Eingriff. Jene aber, denen der Fakt als 10-prozentiges Sterberisiko vermittelt wurde, entschieden sich dagegen.« Nichts also mit rationalem Wesen. Die Frames, die jeweils mit den Worten »Sterben« und »Überleben« aktiviert werden, bestimmen unsere Entscheidung und in der Folge unser Handeln.[51]

Ein anderes von Wehling zitiertes Experiment belegt, dass Frames sogar unsere Motorik beeinflussen. Worte können uns verlangsamen oder beschleunigen. Eine Testgruppe las einen Text, der nicht explizit vom Alter handelte, aber Begriffe wie »alt«, »grau«, »vergesslich«, »Rente« und »faltig« enthielt. Keines der Worte hatte direkt etwas mit Tempo oder Verlangsamung im Alter zu tun. Die Vergleichsgruppe las einen in dieser Hinsicht völlig neutralen Text. Nach dem Lesen der Texte stellte man beiden Gruppen noch ein paar für die Studie irrelevante Fragen. Dann sagte man, die Studie sei abgeschlossen und sie könnten gehen. Um das Gebäude zu verlassen, mussten alle einen Gang entlang zum Fahrstuhl gehen. Und hier begann der spannende Teil der Studie. Die Wissenschaftler:innen maßen die Geschwindigkeit und die Art und Weise, wie die Proband:innen sich zum Aufzug bewegten. Das Ergebnis war frappierend: Alle Teilnehmenden, die die Begriffe, die gemeinhin dem Alter zugemessen werden, gelesen hatten, gingen deutlich langsamer und unsicherer zum Ausgang als die anderen, die ihrem tatsächlichen biologischen Alter entsprechend schnell und direkt zum Aufzug gingen. Das Lesen der Begriffe allein ließ die Proband:innen buchstäblich altern.[52]

### *Wir entscheiden nie rein sachlich*

Elisabeth Wehling fasst die Wirkung von Worten wie folgt zusammen: »Die Sprache, die wir hören oder lesen, aktiviert Frames in unseren Köpfen. Teil dieser Frames ist immer auch die kognitive Simulation von Dingen, die wir in der Regel überhaupt nicht als Teil von Sprache einstufen – Bewegungen, Geräusche, Gerüche, Emotionen, Bilder und vieles mehr. (…) Und nicht zuletzt nehmen die über Sprache aktivierten Frames direkten Einfluss auf unser eigenes Handeln.«[53]

Diese Beeinflussbarkeit menschlichen Denkens und Handelns steht im krassen Widerspruch zum Bild des *Homo oeconomicus,* der stets rational seinen Nutzen optimiert. Außerdem ist der/die rationale Journalist:in, die objektive Fakten recherchiert und damit die Öffentlichkeit informiert, ein Mythos. Wehling sieht da auch keinen Spielraum: »Wir treffen nie Entscheidungen, indem wir ›rein sachlich und objektiv‹ Fakten gegeneinander abwägen. Nie. Das gilt auch für die Politik. Frames, nicht Fakten bedingen unser Entscheidungsverhalten.«[54]

Was für die politische Debatte auch von hoher Relevanz ist: Wir können Verneinungen nicht denken. Das glauben Sie nicht?

Denken Sie nicht an einen rosaroten Elefanten!

Und, welches Bild entsteht in Ihrem Kopf? Genau, das eines rosaroten Elefanten.

Verneinung funktioniert auch dann nicht, wenn wir mit der Abwesenheit einer bestimmten Sache eine positive Vision zeichnen wollen. Wer beispielsweise die Idee einer autofreien Stadt vertreten will, sollte das Wort »autofrei« meiden. Ebenso sollten Sie nicht aktivistisch fordern: »Autos müssen raus aus der Stadt!« Weil wir sofort an Autos denken.

In einer Diskussionsrunde innerhalb der Verwaltung der Stadt Bonn ging es um die Verkehrsberuhigung zweier Viertel. Es wurde viel diskutiert, wie man den Durchgangsverkehr aus dem Viertel raushalten könne, wie Parkplätze reduziert werden könnten, wie der gewonnene Freiraum gestaltet werden könne und so weiter. Am Ende der Diskussion sagte ein Teilnehmer: »Wir müssen den Leuten auch sagen, was wir ihnen Gutes bieten, und nicht nur, was wir ihnen wegnehmen.« Genau darum geht es!

Besser wäre also ein Titel wie »Eine Stadt für Menschen«. Für den politischen Diskurs ist das insofern wichtig, als Sie immer dann, wenn Sie gegen etwas sind, den Frame der Gegenpartei aufrufen. »Ich bin entschieden gegen Strom aus Braunkohle.« Woran denken Sie? An Braunkohletagebau und -kraftwerke. »Industrielle Landwirtschaft tötet Insekten.« – Tote Insekten und Bauern auf großen Traktoren. »Ich bin für Strom aus Sonnen- und Windenergie«, ruft Bilder von Solarparks und Windrädern in der Landschaft auf. Und der Claim »Rettet die Bienen« klingt nach Blumenwiese und Honig, vor allem nach lebenden Bienen.

### *Wer sich verteidigt, hat schon verloren*

> »Wer in Diskursen sich verteidigt oder dagegen ist, hat (...) in aller Regel schon verloren. Zum einen versäumt er, die eigene Weltsicht zu propagieren. Zum anderen propagiert er die Weltsicht des Gegners.«[55]

Deshalb ist es in der Demokratie so wichtig, immer wieder auszusprechen, wofür man ist. Denn nur was ausgesprochen wird, kann gedacht und letztlich auch getan werden.

»Ideen, über die nicht geredet wird, haben (...) keine Überlebenschance in der Demokratie.« Aus diesem Grund sind die Fridays for Future so wichtig für die Klimadebatte. Die Kinder und Jugendlichen haben das Thema auf die politische Agenda gesetzt, und sie sorgen dafür, dass es da auch bleibt. Wenn die Vielfalt unterschiedlicher politischer Weltanschauungen und Parteien fehlt, wird die Essenz der Demokratie, der Widerstreit unterschiedlicher Positionen und Ideen, ausgehöhlt. In autoritären Systemen wie in China oder Russland, aber auch in Polen oder Ungarn wollen die herrschenden Parteien oder Regierungschefs Meinungsfreiheit möglichst unterdrücken. Oft geschieht dies auch durch Gleichschaltung der Medien und die Besetzung der obersten Gerichte mit Gefolgsleuten. Mit der Folge, dass scheinbar nur noch ein Weg gangbar ist, nur noch eine Idee überhaupt vorstellbar, nämlich die der Staatspartei und des Regierungschefs. Hier kann ich die männliche Form stehen lassen, weil die Vorstellung autokratischer Alleinherrschaft eine weitgehend männliche ist. »In einem öffentlichen Diskurs, in dem es an sprachlichen Alternativen mangelt, erodieren gedankliche Alternativen und dadurch letztlich Handlungsalternativen.«[56]

### *Verhängnisvolle Frames: »Klimawandel« und »Erderwärmung«*

Betrachten wir auf dieser Grundlage die Klimadebatte. Wir reden von Klimawandel, Klimaerwärmung oder Erderwärmung und Klimakrise. Das Wort »Wandel« ist reflexiv, »Erwärmung« auch. Das Klima wandelt oder erwärmt sich. Es gibt keinen Akteur in diesem Frame. Die einzige Bezugsgröße ist das Klima. Wehling beschreibt den Frame Klimawandel wie folgt: »Es gibt eine Gefahr. Potenzielles oder tatsächliches Opfer dieser Bedrohung ist das Klima. Gleichzeitig ist aber das Klima auch die Gefahr. Einerseits muss das Klima beschützt werden, gleichzeitig bedroht es uns. Der Mensch kommt in diesem Frame nicht als Verursacher vor. Vielmehr muss er als Held das Klima retten, indem er schützend eingreift. Die Rolle des Bösewichtes oder der Gefahr bleibt unbesetzt. Es lässt aufhorchen, dass sowohl im Frame vom Klimawandel als auch im Frame vom Klimaschutz der Mensch als eigentlicher Schadensverursacher ausgeblendet wird.«

Fataler noch als der Frame Klimawandel ist der der Erderwärmung. Laut Wehling kommt dieser Begriff einer Glückspille gleich. »Die Wortwahl könnte kaum verhängnisvoller sein: ›Wärme‹ ist ein durchgehend positiv besetztes Konzept. Wenn uns warm ist, dann geht es uns gut.«

Damit nicht genug. Wir sprechen nicht von globaler Wärme, sondern von »Erwärmung«. Das Verb »erwärmen« benutzen wir weniger im Temperaturkontext, sondern in emotionalen Zusammenhängen. Wir können uns für eine Sache, eine Idee, einen Menschen erwärmen. »Die sprachliche und gedankliche Verbindung von Wärme und positiven Gefühlen basiert auf der Metapher ›Zuneigung ist Wärme‹. Diese Metapher finden wir in unserer Sprache wieder, wenn wir von warmherzigen Menschen und abgekühlten Freundschaften sprechen. Globale Erwärmung ist komplett ungeeignet, um Gefahr, Bedrohung oder Handlungsdruck zu signalisieren.«[57]

Auch der grade modische Begriff »Klimakrise« entwirft ein falsches Bild. Ein paar Dinge haben sich krisenhaft zugespitzt, die irgendwas mit Klima zu tun haben. Auch hier tut kein Akteur etwas. Und fatalerweise haben wir gelernt, dass Krisen auch wieder vorübergehen. Sie sind zeitlich begrenzt. Das Wort »Klimakrise« weist in unserem Fall nicht auf die dauerhafte Aufgabe hin, vor der wir Menschen stehen.

Bessere Begriffe wären Erderhitzung, globale Erhitzung, Klimaerhitzung oder »kommende Heißzeit«. Hitze mag keiner, und dauerhafte Hitze strahlt auch ein deutlich höheres Bedrohungspotenzial aus als »Wandel« oder »Erwärmung«.

Den in seiner Dramatik angemessenen Begriff hat Hans Joachim Schellnhuber in seinem Grundlagenwerk zur Klimaerhitzung auf den Titel gezimmert: »Selbstverbrennung«. Das benennt nicht nur den Verursacher der Bedrohung, sondern verdeutlicht auch unmissverständlich ihre Dimension.[58]

### *»Erneuerbare Energien« strengen uns an*

Betrachten wir noch einige andere Begriffe aus dem Kontext Klima und Umwelt. Um die Klimakatastrophe zu verhindern, müssen wir Menschen aufhören, Energie durch das Verbrennen fossiler Stoffe wie Erdöl, Erdgas oder Kohle zu gewinnen. Als Alternativen bieten sich Energien aus Sonne, Wind und Wasser an. Wir nennen diese Energien »erneuerbare Energien«. Dies ist laut Elisabeth Wehling semantisch eine sehr unglückliche Bezeichnung. »Erneuerbar« unterstellt erst einmal, dass diese Energien sich abnutzen und daher erneuert werden müssen. Was ausgemachter Quatsch ist, weil gerade diese natürlich vorhandenen Energien unerschöpflich sind, zumindest nach menschlichen Zeitmaßstäben. Außerdem führt die Nachsilbe -bar in die falsche Richtung. Richtig wäre »sich erneuernd«. »Erneuerbar« hingegen stellt eine Handlungsoption dar. Die Energie kann erneuert werden, muss aber nicht. Wenn sie aber erneuert werden soll, dann muss man dafür etwas tun. Das bedeutet eben nicht, dass diese Energien sich von selbst erneuern, sondern dass jemand – der Mensch? – etwas dafür tun muss, damit sie erhalten bleiben. »Das Wort ›erneuerbar‹ macht die Nutzung unerschöpflicher Energiequellen in unseren Köpfen anstrengend. Und es impliziert zugleich, dass Wasser, Sonne, Erdwärme und Wind verschleißen, indem wir ihre Energien nutzen.«[59]

Ich schlage an dieser Stelle den einfachen Begriff »Naturenergie«, »sich erneuernde« oder »dauerhafte Energien« vor. Aus meiner Sicht wäre das der richtige Frame, weil diese Energien einfach naturgegeben da sind und sich nicht abnutzen.

Ein anderes wiederkehrendes Motiv in der Nachhaltigkeitsdebatte ist das des »Schutzes«. Es ist in »Klimaschutz«, »Naturschutz«, »Umweltschutz« enthalten. Manche Kampagnen personifizieren sogar das Klima mit Claims wie »Klima sucht Schutz«. Wir müssen hier klar sortieren, wer vor wem oder was geschützt werden muss. Auch der Frame »Klimaschutz« führt komplett in die Irre. Dem Klima ist es völlig egal, wie es sich entwickelt. Den derzeit auf der Erde lebenden Tieren und Pflanzen kann dies nicht egal sein, weil sie auf ein bestimmtes Klima evolutionär optimiert sind. Auch den Menschen kann es nicht egal sein, wie sich das Klima entwickelt, weil auch sie als Bestandteil der Biosphäre auf ein bestimmtes Klima optimiert sind und weil eine vom Menschen erhitzte Welt die Wasser- und Nahrungsversorgung von uns Menschen infrage stellt. Wenn also irgendwer geschützt werden soll, dann ist es nicht das Klima, sondern der Mensch.

Klimaschutz ist Menschenschutz.

### *Irrweg »Umweltschutz«*

Die Trennung zwischen Mensch und Umwelt im Begriff »Umweltschutz« ist ein ebenso fataler Frame. Die Neurowissenschaftlerin Maren Urner räumt mit dem Begriff in ihrer Kolumne für die *Frankfurter Rundschau* unter dem Titel »Schluss mit Umweltschutz!« auf.

Wir tun so, als wären wir nicht Teil der Umwelt. Als gäbe es den Menschen und die Welt drum herum. Und der Mensch müsste nun diese Umwelt schützen. Vor zu viel Dünger aus der Landwirtschaft oder Pestiziden, vor zu viel Plastik im Meer, vor zu viel Abgasen aus Autoauspuffen. Wer mutet aber diese Belastungen der Welt, ohne Um-, zu? Der Mensch. Und wer kann dreckiges Wasser nicht mehr trinken, verpestete Luft nicht mehr atmen oder von ausgelaugten Böden nichts mehr ernten? Der Mensch. Wir leben in, mit und von dieser Welt, und wir sind ein Teil davon. Es geht also nicht um uns und die Umwelt, sondern es geht um uns in der Welt. Deshalb führt auch das Wort »Umweltschutz« in die Irre:

»Also Hand aufs Hirn: Wir müssen aufhören, zwischen ›uns‹ und ›Umwelt‹ zu trennen, und vielleicht besser von einer ›Mitwelt‹ sprechen. Wir müssen begreifen, dass wir nicht die Umwelt schützen müssen, sondern uns, und vielleicht besser von ›Menschenschutz‹ sprechen. Wem das alles zu ›öko‹ oder ›grün‹ klingt, den frage ich: Wie lange kannst du die Luft anhalten?«[60]

Wahrscheinlich fremdeln Sie mit Begriffen wie »Menschenschutz«. Wollen wir nicht doch besser bei »Klimaschutz« und »Umweltschutz« bleiben? Diese Begriffe sind doch gelernt, und alle wissen, was damit gemeint ist. Nun, es gibt erfolgreiche Beispiele für sogenannte Reframing-

Prozesse. Im Jahr 2000 wurde aus der »Aktion Sorgenkind« die »Aktion Mensch«. Damit wurde der negative Frame »Sorgenkind« für Menschen mit körperlichen oder geistigen Einschränkungen ersetzt durch den inklusiven Frame »Mensch«. Menschen mit Einschränkungen wurden damit nicht mehr defizitär beschrieben als Kinder, was die Assoziation »unselbstständig« auslöst und gleichzeitig noch emotional schwer mit dem Wort »Sorge« untrennbar verbunden wird. Aus »Sorgenkindern« wurden einfach Menschen wie alle anderen auch. Damit hat die größte Soziallotterie in Deutschland einen gesellschaftlichen Wandel im Umgang mit behinderten Menschen auch im Namen vollzogen.

Ein genialer Coup gelang den »Allgemeinen Ortskrankenkassen AOK«, als sie sich den Claim »Die Gesundheitskasse« zulegten. Damit trägt die größte deutsche Krankenkassengruppe das Ziel ihres Handelns im Namen, nämlich dabei zu helfen, dass Menschen gesund bleiben oder werden. Ich würde auch mit einem ganz anderen Gefühl ins Krankenhaus gehen, wenn es »Gesundheitshaus« hieße.

Von 2000 bis 2014 hieß das damals aus Umwelt- und Landwirtschaftsministerium fusionierte Ressort in Österreichs Regierung »Lebensministerium«. Ein sehr passender Name für ein Haus, das sich mit sauberer Luft und Erde, sauberem Wasser, Einhaltung der globalen Grenzen und gesunder Ernährung beschäftigt. Schließlich ging es in diesem Ministerium ja zentral um das gute Leben, das es im Einklang mit der Natur zu erhalten gilt. Nach 2014 wurde der Name wieder schrittweise verändert, um die komplexe Zuständigkeit nach außen zu transportieren. Heute heißt es Ministerium für Klimaschutz, Umwelt, Energie, Mobilität, Innovation und Technologie. Viele beschreibende Worte, die aber nicht annähernd die emotionale Assoziationskette auslösen wie das schlichte Wort »Leben«.

## Klimagemachter Menschenwandel – Modelle der Verhaltensänderung

Wann ändern Menschen ihr Verhalten? Die richtige Antwort ist: am liebsten gar nicht.

Unser alltägliches Verhalten ist buchstäblich in unserem Hirn programmiert. Wenn Sie immer mit dem Auto zur Arbeit fahren, dann denken Sie über den Weg nicht mehr wirklich nach. Das läuft routiniert ab. Und alles, das Autofahren selbst, die Kleidung, die Sie dafür tragen, der Weg, den Sie einschlagen, das Ansteuern des üblichen Parkplatzes, ist in Ihrem Gehirn ein neuronal ausgetretener Pfad. Fahren Sie dann von einem Tag auf den anderen mit dem Fahrrad, nützt Ihnen der gelernte Pfad im Gehirn nichts mehr. Sie müssen einen neuen Pfad bahnen. Andere Kleidung anziehen, möglicherweise sogar dafür kaufen, neue Wege lernen, einen neuen Parkplatz finden und, je nachdem, wie weit der Weg ist, auch die notwendige Fitness aufbauen. Diese Umprogrammierung ist anstrengend. Und Anstrengung mag der Mensch an sich nicht. Deshalb bleiben wir so gerne bei unseren Routinen. Problematisch ist diese Bequemlichkeit dann, wenn das routinierte Verhalten ungesund ist. Beispielsweise bei Süchtigen. Deshalb stammen auch die psychologischen Modelle, die sich mit Verhaltensänderung beschäftigen, alle aus dem Gesundheitsbereich oder sogar aus der Suchttherapie und der Suchtprävention. Süchtige pflegen ja für sich die Überzeugung, das Suchtverhalten würde ihnen guttun, wäre eine gerechte Belohnung. Beispielsweise bei der Zigarettenpause oder beim Alkoholkonsum am Abend. Bei Drogen, die körperlich abhängig machen, löst noch dazu der Versuch, die Drogen zu entziehen, körperlich schmerzhafte Reaktionen aus. In jedem Fall führt das Weglassen der Suchtmittel zu einer Verlusterfahrung, die mehr oder weniger psychische oder sogar physische Schmerzen verursacht. Doch gilt das nicht nur für Süchte. Auch Menschen, die unter Übergewicht, einer Unverträglichkeit oder Diabetes leiden, stehen unter dem Druck, ihre eingeübten Ernährungsgewohnheiten ändern zu müssen. Übergewichtige sollen sich zudem mehr bewegen, was mit zu vielen Pfunden auf den Rippen besonders schwerfällt.

In mehreren Modellen hat sich die Psychologie mit der Frage beschäftigt, wie Verhaltensänderung abläuft. Ich will im Folgenden das »Transtheoretische Modell« von James O. Prochaska und Carlo C. DiClemente, das »Rubikonmodell der Handlungsphasen« von Heinz Heckhausen und Peter M. Gollwitzer und das »WOOP-Modell« von Gabriele Oettinger jeweils kurz erläutern. Die Modelle unterscheiden sich nicht im Grundsatz, aber in den Nuancen. Und alle drei Modelle sind, konsequent angewendet, wirkungsvoll. Ihnen ist zudem gemein, dass eine Routineveränderung nicht von einem Tag auf den anderen gelingen kann. Verhaltensänderung verläuft in Stufen oder Phasen. Wichtig ist in allen Modellen, dass der Mensch den Willen zur Veränderung aufbringt. Ohne diese klare Absicht, den Wunsch, das Bekenntnis zur Änderung bleiben wir in unseren Gewohnheiten verhaftet, und seien sie noch so schädlich für uns.

***Das Transtheoretische Modell – von der Absichtslosigkeit zur neuen Routine***
Das Urmodell, das sogenannte Transtheoretische Modell der Veränderungsbereitschaft (TTM) von James O. Prohaska und C. C. DiClemente, wurde dafür entwickelt intentionale, also absichtsvolle Verhaltensänderungen v. a. im Suchtbereich anzuregen und dann auch durchzuhalten. Es wurde über die Jahre auf viele verschiedene Gesundheitsverhaltensweisen angepasst (z. B. sportliche Aktivitäten, Alkoholkonsum, Ernährung). Das Transtheoretische Modell der Verhaltensänderung teilt den Veränderungsprozess in sechs Phasen ein:

1. Absichtslosigkeit: Ohne äußere Intervention verharren die meisten Menschen in der Phase der Absichtslosigkeit, das heißt, man hat noch keine konkrete Absicht entwickelt, etwas an seinem problematischen Verhalten zu verändern (z. B. weniger Alkohol trinken, mit dem Rauchen aufhören, weniger Auto fahren). Wenn Therapeuten in dieser Phase drängen, löst das oft Widerstand aus. »Du hast mir gar nichts zu sagen. Ich weiß am besten, was gut für mich ist.« Diese »Reaktanz« genannte Abwehr war in der Coronapandemie bei Impfgegner:innen zu beobachten. Hier hilft es, trotzdem Informationen zu den negativen Konsequenzen des Verhaltens oder Konsums zu vermitteln.
2. Absichtsbildung: Dies ist die Phase, in der es dem Menschen dämmert, dass sein Verhalten möglicherweise nicht gut für ihn ist. Er beginnt die Absicht zu bilden, das heißt zu planen, irgendwann das problematische Verhalten zu verändern. In diesem Stadium ist es besonders wichtig, die positiven Konsequenzen einer Veränderung vor Augen zu führen.
3. Vorbereitung: Dann beginnt die Person, ihr verändertes Verhalten vorzubereiten. (Beispielsweise informiert sie sich über Fahrradwege

zum Büro, kauft ein vegetarisches Kochbuch etc.). Therapeutisch ist hier das Ziel, realistische Veränderungsschritte zu erarbeiten und die ersten davon in Richtung Veränderung zu gehen.

4. Handlung: In der Handlungsphase geht's zur Sache. Jetzt wird »umgehandelt«. Das bisherige Verhalten wird abgelegt und durch ein neues ersetzt (z. B. Entwöhnungsbehandlung, Anschließen an eine Fahrradgruppe, vegetarischer Kochkurs).
5. Aufrechterhaltung: Jetzt heißt es dranbleiben. Die Phase der Aufrechterhaltung ist sehr wichtig, weil hier das neue Verhalten zur Routine werden soll. Das gesundheitsgefährdende Verhalten wurde schon länger aufgegeben (z. B.: Ich habe drei Monate nicht geraucht). Therapeutisch gilt es nun, vor allem Taktiken gegen Rückfälle einzuüben. Wenn ich Lust habe zu rauchen, mache ich mir einen Tee, oder ich gehe fünf Minuten spazieren.
6. Neue Routine: Die letzte Phase dient ebenfalls der Aufrechterhaltung und dem dauerhaften Ausstieg. Das alte unerwünschte Verhalten wurde dauerhaft aufgegeben, und eine neue Routine wurde eingeübt und aufrechterhalten. (Diese Phase gibt es im ursprünglichen Modell von Prochaska und DiClemente nicht.)[61]

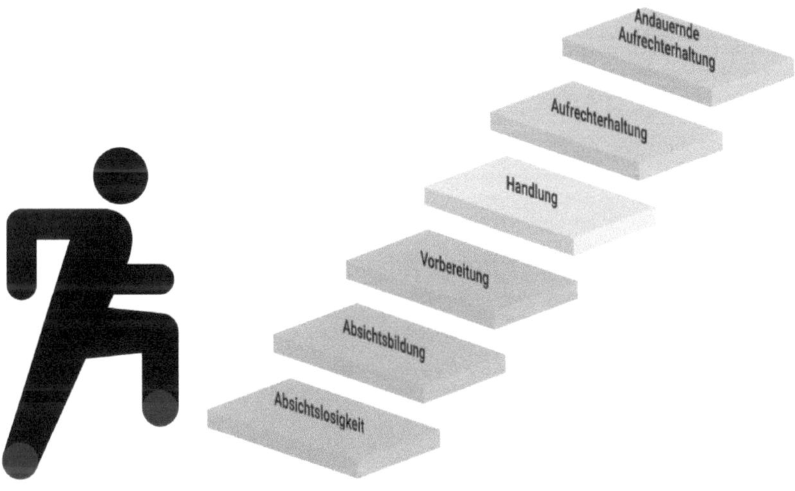


Menschliches Verhalten verändert sich nach dem Transtheoretischen Modell in Stufen.

### *Überschreite den Rubikon – vom Wunsch zum Ziel*

Ungefähr zur gleichen Zeit wie Prochaska und DiClemente, nämlich Ende der 1980er-Jahre, erarbeiteten die Sozialpsychologen Heckhausen und Gollwitzer das Rubikonmodell der Handlungsphasen. In diesem Modell wird den Übergängen zwischen den unterschiedlichen Phasen einer neu einzuübenden Verhaltensweise große Aufmerksamkeit gewidmet. In der sogenannten Prädezisionalen Phase, in der ein Wunsch, eine Intention ausgewählt wird, den/die man verwirklichen will, befinden sich Menschen in einer abwägenden Bewusstseinslage (Mindset). Untersuchungen zeigen, dass Menschen in diesem Mindset sehr rational verschiedene Optionen erwägen, prüfen, analysieren. Sie schätzen den Nutzen aus der jeweiligen Zielerreichung und die Erreichbarkeit des Ziels realistisch ein. Sie bleiben dabei, was die Ergebnisse eines neuen Verhaltens angeht, genauso zurückhaltend wie in der Beurteilung ihrer Fähigkeiten, diese Ziele auch zu erreichen.

Der wichtigste Schritt in diesem Modell ist der vom abwägenden Mindset in den planenden. Hier überschreiten Menschen den Rubikon, den »point of no return«, den Punkt ohne Wiederkehr. Die Redewendung »den Rubikon überschreiten« hat einen historischen Hintergrund. Sie geht auf die bewusste Entscheidung Julius Cäsars im Jahr 49 v. Chr. zurück, mit seinem Heer diesen norditalienischen Fluss zu überqueren – de facto eine Kriegserklärung an den römischen Senat. Er löste so einen Bürgerkrieg im Römischen Reich aus, den er schließlich für sich entscheiden konnte.

Wer in einem nicht ganz so geschichtsträchtigen Thema den Rubikon überschreitet, kommt von der abwägenden Phase in die planende. Damit verändert sich allerdings auch das Mindset grundlegend. Wer sich für einen Veränderungswunsch entschieden hat, verlässt ein stückweit die rationale Ebene. Aus dem Wunsch wird ein Zielekanon, für dessen Erreichen man einen Plan zur Umsetzung aufstellt. Der Handlungsplan ist dabei sehr konkret: Wann, wo und wie werde ich handeln? In diesem planenden Mindset, der stark vom Wollen geprägt ist, verlieren Menschen oft die Distanz zu sich selbst und ihren Fähigkeiten. Hier regiert eher die »optimistische Illusion«, dass die Entscheidung für die Realisierung dieses Wunsches quasi schon der Erfüllung gleichkommt. Um diese Wandlung kurz an meinem Fall zu illustrieren: Als ich entschieden hatte, dass ich dieses Buch schreibe, war es in meinen Gedanken bereits geschrieben. Und diese Entscheidung ist jetzt fast ein Jahr her. Bedenken werden in dieser Phase beiseitegewischt, der Glaube in die eigenen Fähigkeiten ist groß und unerschütterlich.

Der nächste Schritt führt von der präaktionalen Phase in die Handlungsphase. Jetzt wird Rad gefahren statt Auto, vegan gekocht statt Schnitzel gegessen, fünfmal die Woche gelaufen statt herumgesessen. Und nach einem vorher geplanten Zeitraum des »Umhandelns« wird evaluiert. Wurden die Aspekte, die in der ersten Phase zur Auswahl dieses Wunsches motiviert haben, tatsächlich erfüllt? Sind die Ergebnisse so, dass das neue Handeln als Gewinn empfunden wird, und bleibt insofern die Motivation erhalten, das neue Verhalten aufrechtzuerhalten?

Wenn diese Fragen positiv beantwortet werden, dann hat das neue Verhalten gute Chancen, zur neuen Routine, zum »neuen Normal« zu werden.[62]

### *Beachte die Hindernisse – mit der WOOP-Methode erfolgreicher zum Ziel*

Eine Weiterentwicklung der Intentionsforschung von Gollwitzer findet sich in der neueren WOOP-Methode. Gabriele Oettingen, Professorin für Psychologie an der New York University und an der Universität Hamburg, hat diese Methode zur besseren Zielerreichung entwickelt. In der Wissenschaftssprache würde man WOOP als »Mentales Kontrastieren mit Implementierungsintentionen« beschreiben. WOOP bedeutet einfach:

- W für Wish (Wunsch)
- O für Outcome (Ergebnis, positive Folge)
- O für Obstacle (Hindernis)
- P für Plan (genauer: Wenn-dann-Pläne)

Entscheidend für eine erfolgreiche Anwendung der WOOP-Methode ist es, die Reihenfolge einzuhalten und die persönlichen Hindernisse im Wunscherfüllungsprozess zu berücksichtigen. Es handelt sich bei WOOP um eine Imaginationsmethode. Deshalb ist es zunächst wichtig, einen dringlichen Wunsch und den positiven Effekt, den die Erfüllung dieses Wunschs auf das Leben haben wird, klar zu formulieren. Wir bewegen uns hier in der nahen Zukunft. Dem Erreichen dieser verheißungsvollen Zukunft steht aber offenbar in der Gegenwart irgendetwas im Wege. Ein Hindernis, das einen daran hindert, zielstrebig diesen Wunsch zu verfolgen. Dieses Hindernis im Jetzt und im eigenen Selbst, nicht in der Umgebung, der Welt, gilt es genauso klar zu formulieren. Damit ist der Wunsch in unserer »mental map«, unserer geistigen Landkarte, eindeutig mit dem Hindernis gekoppelt. Diese Vorgehensweise nennt man »mentales Kontrastieren«. Dieser Umweg unterscheidet WOOP von vielen anderen Selbstoptimierungs- und Zielerreichungsmethoden, die lediglich auf die Kraft des verheißungsvollen Ziels setzen. Und diese Methode ist nachweislich erfolgreicher als der Versuch, sich nur mit dem positiven Zukunftsdenken zu motivieren. Je positiver Menschen ihre Zukunft imaginiert haben, ohne über die Hindernisse auf dem Weg nachzudenken, desto erfolgloser waren sie nachweislich. Gabriele Oettingen in einem Interview mit dem Deutschlandfunk Kultur:

»Unsere Forschung der letzten 20 Jahre zeigt, dass positives Denken differenzierter zu sehen ist. Dass positives Denken unter bestimmten Bedingungen sehr wohl hilfreich sein kann, zum Beispiel in ausweglosen Situationen, diese zu überstehen oder auch um Zukunftsmöglichkeiten im Geist zu elaborieren oder zu explorieren. Aber wenn es darum geht, diese Zukunftsmöglichkeiten tatsächlich herzustellen, sich die Wünsche für die Zukunft zu erfüllen, dann sind positive Zukunftsfantasien für sich alleine ein Problem. Wir haben zum Beispiel gefunden, dass, je positiver Personen, die gerne Gewicht verlieren wollen, träumen über den Erfolg in ihrer Diät, desto weniger haben diese Leute tatsächlich an Gewicht verloren, und das über ein, zwei Jahre hin. Oder je positiver Hochschulabsolventen darüber fantasiert haben, dass sie einen Superjob kriegen, desto weniger Stellenangebote haben sie bekommen und desto weniger haben sie verdient zwei Jahre später. Oder im Gesundheitsbereich, Personen, die sich einer Hüftgelenksersatzoperation unterzogen haben. Je positiver sie fantasiert haben darüber, wie gut sie letztlich genesen werden, desto weniger gut konnten sie ihr neues Gelenk bewegen. Also, es sieht so aus, dass positive Zukunftsfantasien zwar im Moment angenehm sind, aber auf die Dauer einem die Kraft nehmen, diese wirklich umzusetzen.«[63]

Auf Grundlage des mentalen Kontrastierens baut man in WOOP dann den Plan, der ein autosuggestiver »Wenn-dann-Plan« ist. Wenn ich erkenne, dass mein inneres Hindernis meinem Entwicklungswunsch im Wege steht, dann tue ich A, B oder C, um das Hindernis zu überwinden. Wir verbinden also mental das Hindernis mit dem Verhalten, mit dem wir das Hindernis überwinden können. All diese Prozesse laufen, erst einmal theoretisch durchgespielt, automatisch ab. Sie können dann den Wunsch nicht mehr ohne das Hindernis denken und das Hindernis nicht mehr ohne die Lösung, die Überwindungsstrategie, die Sie sich überlegt haben.

So simpel diese Methode wirkt, verschiedenste Studien belegen, dass Menschen, die auf dem Weg zu einer Wunscherfüllung das mentale Kontrastieren angewendet haben, in der Umsetzung ihres Wunsches deutlich erfolgreicher sind.

WOOP auf die Erfordernisse des »great mindshift« angewandt, macht Folgendes deutlich:

Positive Geschichten aus der Zukunft sind wichtig, sonst habe ich gar keinen Wunsch nach Veränderung. Aber damit alleine ist es nicht getan. Optimismus alleine führt zu einem guten Gefühl, aber kaum zu Ergebnissen. Die weiteren Schritte sind genauso wichtig. Wir sollten die konkreten Ziele definieren, die wir verfolgen wollen, um den Wunsch zu realisieren. Dann sollten wir überlegen, wer oder was uns im Wege stehen könnte. Und schließlich einen Plan machen, wie wir die Hindernisse umschiffen können.

Diese Erkenntnisse korrespondieren mit einer Unterscheidung, die der Zukunftsforscher Matthias Horx angesichts der Coronapandemie zwischen Optimismus, Pessimismus und Zuversicht getroffen hat. Horx beschreibt die »geleckten Voll-Optimisten, die immerzu positiv sind, einem auf die Schulter schlagen und immer alles klasse finden«. Er unterstellt diesen Optimisten eine Ignoranz und Oberflächlichkeit, die leicht in Narzissmus und eine Wird-schon-alles-gut-Wurschtigkeit kippen kann. Es fehle ihnen jedenfalls an Tiefe und Gefühl für das Dunkle und Schwierige, das es ja zweifellos in der Welt gibt. Ein Pessimist hingegen sei ins Problem

verliebt. Er warne ja nur vor Gefahren, die nun mal offenbar da seien. In Wahrheit schüre der Pessimist damit aber Angst und verstärke sie durch sein Mahnen und Warnen. Angst war aber noch nie ein guter Ratgeber. Man erstarrt in Angst, buchstäblich wie das Kaninchen vor der Schlange. In diesem Mindset kann man nur schwerlich Probleme lösen. Und damit verschärft der Pessimist das Problem, das er beschreibt, so Horx.[64]
Horx schlägt als handlungsorientierte Haltung zur Zukunft die Zuversicht vor. »Zuversicht hat etwas Zupackendes und gleichzeitig nach der Zukunft Fragendes. … Zuversicht ist ein reifer, erwachsener Optimismus, nicht blauäugig, sondern motivierend. Man traut sich etwas zu, und damit verändert man die Welt, statt sich vor ihr zu fürchten.«

Zuversicht ist die Herangehensweise an die Zukunft, die aktiv gestaltend die Größe der Aufgabe erkennt, aber auch Antworten darauf gibt, wie wir diese Aufgabe bewältigen können. »Zuversicht wächst im Vertrauen darauf, dass wir auch dann eine Antwort finden können, wenn es schwierig wird. Das ist wahre Zukunftskompetenz, die uns ganz neue Freiheiten schenkt.«[65]

Zuversicht setzt eine kompetente und reflektierte Kraft frei, mit der wir die Herausforderungen der Zukunft meistern können, und ist somit lösungsorientiert und nicht problemfixiert.

KAPITEL 5

# Wofür?

## *Desirable futures* – weniger haben, besser leben

»Andernach war 2030 klimapositiv, unter anderem durch »Carbon Capture and Storage Soil«. Die Andernacher:innen haben die Treibhausgase buchstäblich vergraben und ihre Stadt wahrlich zu einem »Lebensmittelpunkt« gemacht.«
**Desirable Future zu Landwirtschaft**

»Zehn Prozent macht der private Autoverkehr noch aus. Im gesamten Stadtgebiet gilt Tempo 10 bis Tempo 30, auch für den öffentlichen Verkehr. Man trifft sich wieder auf den Stadt- und Dorfplätzen, die eben keine Parkplätze mehr sind.«
**Desirable Future zu Mobilität**

### Reden wir nicht von Verzicht. Reden wir vom guten Leben.

Wie wollen wir unser derzeitiges Leben verändern? Wie sehen für uns wünschenswerte Zukünfte aus? Um mit Zuversicht in die Zukunft zu denken, sollten wir groß denken. Nicht nur unsere individuellen Handlungen, unseren Fußabdruck, auf den Prüfstand stellen, sondern die Systeme neu denken. Wir brauchen Verhältnisänderung und Verhaltensänderung. Die großen Stellschrauben, an denen der »great mindshift« ansetzen muss, sind gleichzeitig die Themen, die Menschen auch im Alltag unmittelbar berühren: Essen und Trinken, Wohnen und Energie, Mobilität und die Wirtschaft. Die gute Nachricht ist, es gibt in all diesen Bereichen sehr verheißungsvolle und praktikable Alternativen zum verschwenderischen Status quo. Und wenn man sich die Geschichten aus der Zukunft mit Herz und Verstand anschaut, wird man feststellen, dass ein Leben in diesen *desirable futures* sehr angenehm und mit mehr Sinn erfüllt sein kann als das heutige Hasten und Kämpfen. Es geht um eine am Leben orientierte Landwirtschaft, um gemeinschaftliche lokale Energie- und Wärmeproduktion, um eine Mobilität, die die Schwächeren schützt und uns energieeffizient von A nach B transportiert. Und es geht um eine Wirtschaft, die nach ihrer gesellschaftlichen Verantwortung fragt, die das Wohlergehen der Einzelnen im Blick hat und die planetaren Grenzen einhält. Wir werden insgesamt viel mehr gemeinsam tun und weniger egoistisch leben.

### *Fußabdruck, Handabdruck und Klimaschatten*

Wenn wir von den notwendigen Veränderungen sprechen, benutzen wir oft das Wort »Wende«. Wir reden von der »Mobilitätswende«, der »Energiewende«, der »Klimawende«. Noch etwas weniger etabliert sind die »Wärmewende« oder die »Agrarwende« und die »Ernährungswende«. Man hat unweigerlich das Bild vor Augen, dass wir eine Zeit lang in die falsche Richtung gefahren sind und jetzt in einem U-Turn einfach nur wenden müssten, und dann ist alles gut. Ändern müssen wir uns dafür kaum.

Leider ist das nicht so einfach. Da wir es mit systemischen Fehlern zu tun haben, hilft auch nur die Systemwende. Das heißt, wir müssen nicht nur individuell anders essen, wir müssen gleich die ganze Art und Weise unserer Landwirtschaft um 180 Grad drehen. Es reicht nicht, zur Arbeit mit dem Rad statt mit dem Auto zu fahren. Wir müssen die gesamte Mobilitätsindustrie verändern, die darauf optimiert ist, möglichst effizient viele Autos zu produzieren, mit denen wir dann einzeln weiter durch die Gegend fahren. Es reicht nicht, dass das eine oder andere Unternehmen sich zu den einen oder anderen SDGs verpflichtet. Wir müssen schon das gesamte System unserer Wirtschaft, die Wohlstand nur als Mehrverbrauch an Dingen misst, verändern.

Und erschwerend kommt hinzu, dass alle Wenden miteinander verbunden sind und alle gemacht werden müssen, um die planetaren Grenzen einzuhalten. Das kann einen einzelnen Menschen gedanklich schnell überfordern. Und dann tun wir eben wieder nichts.

Die im ersten Kapitel erwähnte Studie aus Frankreich vom Thinktank Carbon4 kommt zu dem Ergebnis, dass durch maximale individuelle Verhaltensänderung in Frankreich nur 20 Prozent der nötigen $CO_2$-Einsparungen, um auf weltverträgliche zwei Tonnen $CO_2$ pro Kopf zu kommen, erreicht werden können. 60 Prozent müssen durch die Industrie, die Energieunternehmen, die industrielle Landwirtschaft und mithilfe von politischen und wirtschaftlichen Steuerungsprozessen eingespart werden. Die Autoren der Studie merken sogar an, dass die 20 Prozent sehr optimistisch angesetzt sind, weil sie davon ausgehen, dass alle Bürgerinnen und Bürger ihr Verhalten gleichermaßen ändern. Wahrscheinlich würden aber nur die Überzeugten und ein Teil der Unentschlossenen, also zwei Drittel der Gesellschaft, mitmachen. Sodass realistischerweise nur zehn Prozent durch individuelle Maßnahmen eingespart werden könnten.[66]

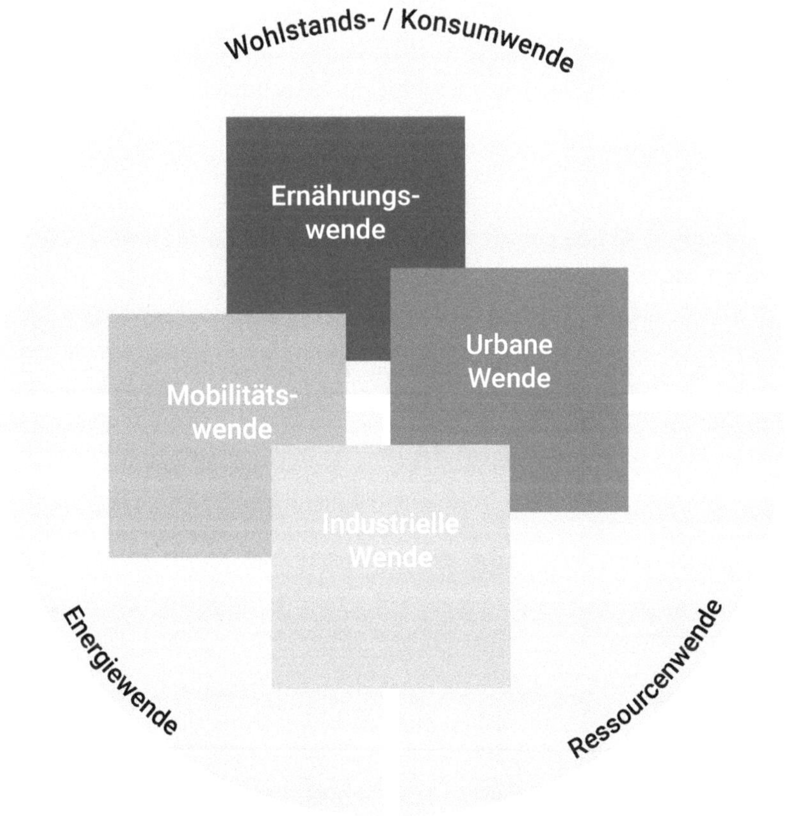


Es braucht mehrere Wenden für die große Transformation.[67]

Ich bezeichne die nötigen strukturellen Veränderungen als »Verhältnisänderungen«. Wenn es also gelänge, Obst und Gemüse von der Mehrwertsteuer zu befreien, wie kürzlich von Landwirtschaftsminister Cem Özdemir angekündigt, dann wäre das eine wichtige Schraube zur Verhältnisänderung. Oder wenn meine Stadt ein modernes und durchdachtes Fahrradwegenetz errichten würde, wäre für mich als Bürger die Voraussetzung geschaffen, meine Wege mit dem Fahrrad zurückzulegen.

Verhaltensänderung braucht Verhältnisänderung. Verhaltensänderung und Verhältnisänderung ergänzen sich gegenseitig. Verhältnisänderung hat allerdings eine deutlich größere Wirkung. Erstens, weil andere Verhältnisse ein anderes Verhalten leichter machen. Und zweitens, weil damit auch eine neue Norm gesetzt wird. Was wird von der Politik gefördert, also gewollt? Was wird belohnt, mit Geld und mit Status? Das hat maßgeblichen Einfluss auf unser aller Verhalten. Das muss man mitdenken, wenn von »dem neuen Normal« die Rede ist. Wenn Autohersteller in den vergangenen Jahren Elektroautos abgewehrt haben, dann oft mit dem Argument: »Unsere Kunden fragen E-Modelle nicht nach.« Solange es keine Modellauswahl gab, solange die Reichweite bei einem Bruchteil der Reichweite mit Dieseltank lag, solange es einer Schnitzeljagd glich, Stromtankstellen zu finden – und dann das ganze Vergnügen auch noch teurer war als ein ausgereiftes fossiles Modell –, so lange waren die Verhältnisse für E-Mobilität so schlecht, dass ein anderes Kaufverhalten nicht belohnt wurde. Das Argument, dass die Kunden aber »mehr vom Gleichen« wollen, ist insofern hohl. Das ist etwa so, als ob ich sage: »Kein Mensch will auf die andere Seite des Flusses, wir haben das gemessen.« – Und dann haben wir eine Brücke gebaut.

Schon seit vielen Jahren gibt es Konzepte, die Individuen darauf hinweisen, was alles mit systemischen Veränderungen erreicht werden kann. Der ökologische Handabdruck wurde vom Centre for Environment Education (CEE) in Indien bereits 2007 erfunden. Er ist allerdings viel weniger bekannt als der ökologische Fußabdruck, bei dem immer Frustration aufkommt, weil die zwei Tonnen Treibhausgasemission, die für einen einzelnen Menschen nachhaltig wären, von niemandem erreicht werden. Der Handabdruck dagegen misst die positive Wirkung eines Menschen.

Er zeigt, was er schon erreicht hat, privat, beruflich oder politisch. Er zeigt sein Bekenntnis, seine engagierte Haltung. Und das Handsymbol weist darauf hin, dass es wichtig ist, Netzwerke zu bilden, zusammenzuarbeiten, sich die Hand zu reichen. Die evangelische Hilfsorganisation Brot für die Welt hat einen Handabdruckrechner gebaut, der zunächst den jeweiligen Persönlichkeitstyp ermittelt, dann die eigenen Prioritäten beim Klimathema abfragt und als Ergebnis eine Handlungsliste in fünf Schritten anbietet, die eigene Wirkung bewusst macht und einen Plan liefert, der zur jeweiligen Persönlichkeit passt. Höchst anregend und außerdem spielerisch angelegt.[68]

Das zweite Konzept heißt *Climate shadow* und wurde von Katharine Hayhoe, einer führenden Klimawissenschaftlerin in den USA, entwickelt. Es ging ihr dabei um eine sinnvolle Alternative zum $CO_2$-Fußabdruck, den BP erfunden hat, um Menschen vom wirklich wichtigen politischen Engagement abzuhalten. Es wäre für die Klimabalance viel wirkungsvoller, wenn Menschen ihre Energie für bedeutungsvolle Arbeit einsetzten. Sie könnten beispielsweise lokale Politikerinnen und Politiker zu einer anderen Verkehrspolitik bewegen. Oder ihr Geld in erneuernde Energien investieren statt in fossile Unternehmen. Vielleicht auch an ihrer Arbeitsstelle auf verschwenderische Produktionsabläufe hinweisen. »Man stelle sich vor, Greta Thunberg hätte ihre Energie darauf verwendet, weniger Wasser zu verbrauchen oder Milchprodukte aus ihrem Speiseplan zu streichen, statt Fridays for Future zu schaffen«, erklärt Hayhoe die Fallen des Fußabdrucks.

Hayhoe teilt die Klimawirkung – bei ihr als »Klimaschatten« bezeichnet – in drei wesentliche Teile: »meinen Konsum, meine Entscheidungen und meine Aufmerksamkeit«. Also praktisch ausgedrückt: Esse ich Hamburger bei McDonald's, fahre ich mit einem Zwei-Tonnen-Auto durch die Lande und fliege zum Shoppen nach London übers Wochenende? Wie groß ist mein Haus oder meine Wohnung? Aber auch: Wo arbeite ich? Bin ich vor allem ein Serienjunkie auf Netflix? Oder engagiere ich mich in einer NGO für Tierrechte oder für mehr Radverkehr in meiner Stadt? Bin ich im Stadtrat? Sie sehen: Das, was der Footprint misst, ist nur ein kleiner Teil meiner Klimawirkung. Es geht um mehr als kleine Korrekturen im alltäglichen Konsumverhalten. Und Hayhoe verstärkt dieses individuelle und kollektive Handeln emotional: »Wenn Sie fürs Klima aktiv werden, tun Sie das für sich, für Ihre Familie und für alles, das Sie lieben.«[69]

### *Humor als Doping – starten Sie mit einer guten Geschichte*

Die Engländer können es besser als wir Deutschen: Sie beginnen einen Fachvortrag, eine Keynote, eine erste Wortmeldung in einer Diskussion oder eine kleine Tischrede zum Geburtstag immer mit einer lustigen Anekdote. Sie schaffen es oft, ihr Publikum in gute Stimmung zu versetzen, und das von Anfang an. Das Faszinierende ist: Wenn diese entspannte Atmosphäre erst einmal geschaffen wurde, dann verschwindet sie auch nicht mehr. Trockene Fakten sind dann kein Problem und werden auch nach zehn Minuten noch aufgenommen – ganz anders, als wenn der Vortrag gleich mit dem Weltuntergang gestartet wäre. Humor ist ein legales Dopingmittel, das uns weit bringen kann.

Bei einer Veranstaltung zur Mobilität könnte ich beispielsweise die Geschichte vom ersten Auto meines Vaters erzählen. Ende der 60er hatte er sich einen BMW gekauft. Je nach Publikum würde diese Nachricht wohl anerkennendes Nicken auslösen. In diesen BMW musste man aber von vorne einsteigen, indem man die ganze Front aufklappte. Der BMW hatte einen Motor mit 600 ccm Hubraum und 19,5 PS. Das »Auto« fuhr 110 km/h bergab mit Rückenwind. Dann klapperten allerdings viele Teile. Dieser BMW war ein direkter Nachfahre der legendären Isetta. Lächeln im Publikum. Er fand's toll und ich auch. Und jetzt schauen Sie sich heute mal einen »Mini« an, aus dem gleichen Unternehmen.

Und schon ist man drin in der Debatte um die Frage: »Wie viel Auto braucht der Mensch?«

Wenn wir in guter Stimmung sind, sind wir kreativer, sehen mehr Optionen und sind aufgeschlossener. Dann können wir auch mit Bedrohungen besser umgehen, und wir können besser verhandeln. Es reicht ein lustiger Film zum Einstieg, Schokolade auf dem Tisch oder ein guter Duft im Raum. Wut, Ärger oder Angst machen uns innerlich enger, verringern unsere Fähigkeiten, breit zu denken. Sie können aber in bestimmten Situationen helfen, sich auf einen bestimmten Punkt zu fokussieren.

Grundsätzlich lösen aber negative Stimmungen eher Vermeidungs- oder Fluchtverhalten aus. Evolutionär nennt man diese Alarmstimmung *fight or flight*, weil sie in der genetisch gespeicherten Angst vor Fressfeinden gründet. Wenn die Bedrohung aber abstrakt ist, stellt sich die Frage des Kampfes genauso abstrakt: Wogegen? Womit? Wieso ich? Daher dominiert in unserer Zeit die zweite Reaktion auf Alarm: *flight*. Wenn Menschen sich schuldig oder verletzt fühlen, verschließen sie sich geistig eher, sie verdrängen, um sich vor weiteren Verletzungen zu schützen.

Wir sollten viele gute, humorvolle Geschichten erzählen, weil eine miese Geschichte mindestens drei gute zum mentalen Ausgleich braucht. Wenn wir uns also die schlechten sparen, kommen wir schneller zum Handeln.

### *Denke vom Ziel her, von der verheißungsvollen Zukunft*

Aus diesem Grund möchte ich in diesem Teil des Buches positive Geschichten von gelingenden Zukünften erzählen. Wir wollen uns die Welt vorstellen, wie sie angenehm und stimmig sein wird, in zehn oder 20 Jahren. Wir wenden in Workshops, Konferenzen oder auch in kleinen Projektmeetings oft eine Methode an, die *backcasting* genannt wird. Diese Methode zeichnet aus, dass sie mit einem möglichst konkreten Zukunftsbild beginnt. »Beschreiben Sie die Mobilität in Ihrer Stadt im Jahr 2030, wenn die Mobilitätswende gelungen sein wird«, könnte eine solche Startfrage sein. Es gibt keine Limits: Geld, Personal, Wille sind in ausreichendem Umfang vorhanden. Sie können aus dem Vollen schöpfen.

Erstaunlicherweise funktioniert diese Methode auch bei uns nicht ganz so visionären Deutschen immer wieder sehr gut. Ich habe den Eindruck gewonnen, dass es die Teilnehmer:innen genießen, mal so richtig spinnen zu dürfen.

Wenn die Vision steht, bewegen wir uns in sinnvollen Zeitschritten zurück zur Gegenwart. »Wenn dieser Traumzustand 2030 erreicht sein soll, was muss dafür bis 2025 passieren, bis 2023, und womit müssen Sie morgen anfangen?«, so geht die Methode weiter. Der Kniff ist: Man formuliert erst die Lösung und betrachtet dann die Hindernisse und Probleme auf dem Weg aus der Zukunft zurück in die Gegenwart. Durch die positive Vision am Anfang hat die Gruppe allerdings einen Kompass, eine motivierende, verheißungsvolle Zukunft, die sie sich anfangs gemeinsam ausgemalt hat. Das setzt Kräfte frei, die helfen, den Hindernissen auf dem Weg mit den richtigen Weichenstellungen in der näheren Zukunft zu begegnen.

Mit diesem Methodenansatz will ich Ihnen Geschichten aus dem Jahr 2030 erzählen über die Themen, die unser alltägliches Leben hauptsächlich bestimmen: Wie wohnen wir? Was essen wir? Wie sind wir mobil? Und in einem Kapitel, in dem mir die stimmige Vision einer guten Zukunft noch nicht gelungen ist, beschäftige ich mich mit der Frage: Wie kann eine Wirtschaft aussehen, die Gerechtigkeit und Menschenwürde genauso berücksichtigt wie die planetaren Grenzen? Sind Sie bereit für eine Zukunftsreise? Dann mal los!

## Städte für Menschen und lebendige Straßen

### Narrativ Zukunftsmobilität

2030 besitzen wir keine Autos mehr. Wir mieten, was wir brauchen und wann wir es brauchen. Mobilität ist 2030 zu 90 Prozent kollektiv organisiert. Wie auch im Wärmemarkt spielen in Deutschland die Stadtwerke eine zentrale Rolle bei der wohnortnahen Organisation von Car- und Bikesharing. Durch die komplette Digitalisierung ist ein einheitliches System für die gesamte Mobilität in Deutschland geschaffen worden. Die Sorge, man könnte ein kompliziertes Waben- oder Tarifzonensystem in einer fremden Stadt nicht verstehen, ist damit verschwunden. Dieses Gefühl von ÖPNV-Kompetenz hatte sich beim 9-Euro-Ticket im Sommer 2022 bereits ausgebreitet. Die neue App »One-Mobility« funktioniert in ganz Deutschland und kann auch im EU-Ausland genutzt werden. Sie gilt für alle Mobilitätsdienstleistungen.

In den Vierteln der Städte haben wieder die Menschen das Ruder übernommen. Das Auto wird nur noch für jeden zehnten Weg gebraucht. Drei Viertel der Parkplätze werden jetzt anders genutzt. Kinder und alte Menschen sind sicher unterwegs. Die Straße wird zum Sport- und Eventraum. Man kennt sich und trifft sich. Das schafft viel mehr sozialen Zusammenhalt und Verantwortung für die Nachbarschaft. Niemand ist mehr einsam. Die Städte sind viel grüner geworden, Bäume spenden Schatten und kühlen bei Hitze. Es gibt Brunnen und Wasserspielplätze. Wohnraum ist bezahlbar. Es gibt mehr gemeinschaftliche Wohnprojekte. Sich erneuernde Energien sichern immer größere Anteile unserer Wärme- und Stromversorgung.

Im internationalen Verkehr wurde 2025 die europaweite Dachgesellschaft »Eurobility« gegründet. Sie koordiniert den grenzüberschreitenden Bahn-, Bus- und Fährverkehr. Die europäischen Städte sind unkompliziert durch Tag- und Nachtverbindungen zu erreichen, ohne Flugzeug.

Im Jahr 2022 bestimmte der furchtbare Ukrainekrieg die Politik. Der russische Präsident Wladimir Putin ließ seine Armee das Land verwüsten. Viele Tausend Männer, Frauen und Kinder starben. Viele scheinbar klare Entwicklungen werden durch Krieg unsicher. Dieser Krieg stellte viele Glaubenssätze auf den Kopf und veränderte die mentale Landkarte in Europa und der ganzen Welt.

In Deutschland wurde die Abhängigkeit von Öl- und Gaslieferungen aus Russland offensichtlich. Während Bundeskanzler Olaf Scholz noch Anfang Februar die Gaspipeline Nordstream 2 verteidigte, vollzog er angesichts des brutal geführten Krieges von Putin gegen die Zivilbevölkerung der Ukraine einen Paradigmenwechsel. Zunächst schien dies nur für die Verteidigungspolitik, die Aufrüstung der Bundeswehr und die Öffnung für Waffenlieferungen an die Ukraine zu gelten. Aber die durch die Decke schießenden Energiepreise zogen andere fundamentale Politikwechsel nach sich. Finanzminister Christian Lindner nannte die »erneuerbaren Energien« plötzlich »Freiheitsenergien«. Wirtschaftsminister Habeck erklärte auf Instagram Energie aus Sonne, Wind und Erde quasi zum Allgemeingut. »Diese Energien gehören allen, da kann keiner sagen, das ist alles meins.« Der Wind wehe schließlich überall, und die Sonne scheine auch auf der ganzen Erde.

Die umfassende Modernisierung der deutschen Wirtschaft und Politik war eine direkte Folge des Krieges. Was alle Informationskampagnen und Appelle nicht geschafft hatten, schaffte der Frame: Frieden, Freiheit und

Fortschritt durch nachhaltige Innovation. Da konnte auch die FDP mitgehen. Und deshalb ging dann alles doch nicht so langsam, wie man 2022 befürchtet hatte. Der Druck in den Städten, die Mobilität neu zu organisieren, erhöhte sich – von unten, von den Menschen. Zunächst war dies zwar vor allem in den urbanen Zentren der Fall, aber nach und nach erkannten auch die Menschen in ländlichen Räumen, dass es zumindest mit fossil betriebenen Autos nicht mehr lange weitergehen konnte. Andere und weniger Autos, mehr Fahrräder und ein Quantensprung beim ÖPNV waren die Konsequenz. Bus und Bahn auch ins Umland mindestens im Zehn-Minuten-Takt statt drei Euro pro Liter Sprit, Windräder statt Nordstream 2, Wärmepumpen und lokale Wärmenetze statt Gazprom-Gas – diese Themen bildeten die Frames für eine Energierevolution. »Mehr Fortschritt wagen« wurde endlich verwirklicht, weil deutlich wurde, dass das eigentliche Wagnis im »Weiter so« der Abhängigkeiten von Autokraten lag.

Ein Bundesprogramm mit dem pathetischen Titel »Mobilität für Zukunft und Freiheit« wurde Anfang 2023 aufgelegt, dotiert mit 30 Milliarden Euro pro Jahr. Diese Summe entsprach ziemlich genau den umweltschädlichen Subventionen, die der Staat bisher für Dienstwagenprivileg und ermäßigte Dieselbesteuerung aufbrachte, sowie der bislang fehlenden Kerosinbesteuerung.

Die Mittel, die bisher für die Autoinfrastruktur, den Import von Öl und die negativen Folgen des Autoverkehrs aufgrund von Klimaerhitzung, Luftschadstoffen, Lärm und Unfällen ausgegeben werden mussten, standen jetzt für die gewaltigen Umbaumaßnahmen und die Gestaltung des öffentlichen Raums zur Verfügung. Die Straßenräume wurden umgebaut: vor allem für die Menschen, die zu Fuß gehen, dann für den Radverkehr – mit Raum für Lastenräder und überdachte Elektromodelle – und schließlich für den öffentlichen Verkehr. Wo Platz war, gab es eine Spur für den Autoverkehr.

So wurde eine Circular Mobility verwirklicht, die auf der Formel »Dreimal null« beruht: null $CO_2$, null Luftschadstoffe und Lärm, null Tote und Verletzte.

Mobilstationen wurden unkompliziert gefördert und flächendeckend über Städte und Landkreise verteilt. Die Digitalisierung der Wegekette und die schnelle Elektrifizierung der Sharingflotte an diesen Stationen haben sehr viele private Autos überflüssig gemacht. Statt Dienstwagen wurde in Unternehmen jetzt ein Mobilitätsbudget gefördert, mit dem Mitarbeiter:innen die neue One-Mobility-App nutzen können. Mit der App kann man alle Verkehrsmittel überall preiswert buchen. Gefördert wird dieser Paradigmenwechsel in der betrieblichen Mobilität auch aus dem Bundesprogramm. Auf dem Land wurden Pedelec-taugliche Fahrradnetze geschaffen, verknüpft mit einem verdichteten Busnetz, das in sehr dünn besiedelten Regionen mit autonom fahrenden Minibussen betrieben wird.

Als eine junge Frau, nennen wir sie Lisa Bauer, im März 2030 in der Bonner Altstadt vor ihre Tür tritt, ist die gesamte Innenstadt nach dem Vorbild der »Superblocks« in Barcelona von parkenden und weitgehend auch von fahrenden Autos befreit. Förderprogramme für emissionsfreie Innenstädte hatten diese Entwicklung in den frühen 2020er-Jahren ins Rollen gebracht. Jetzt findet Lisa alle Verkehrsmittel, die sie braucht, vor der Haustür. Allein die Altstadt ist mit zehn Stationen des Dienstleisters »Bonn-mobil« bestens versorgt. Hier kann Lisa Pedelecs leihen. Autonome kleine E-Fahrzeuge parken hier, nachdem sie ihre Fahrgäste vor der Haustür abgeliefert haben.

Rund um die Altstadt befindet sich ein dichtes Netz an Haltestellen der hochmodernen Tram. Sie fährt im Fünf-Minuten-Takt. In Vierteln, in denen keine Schienen vorhanden waren, fährt die autonome *Gummitram,* wie die Kleinbusse genannt werden, die hier gefühlt auf Linien wie die Straßenbahn jeden Winkel der Stadt erschließen. Die Veränderung musste schnell gehen, daher war keine Zeit, überall aufwendig Schienen zu verlegen, mit allen langwierigen Planungsverfahren. Man achtete allerdings auf Linienfeeling. Die Buslinien waren fast so gut erkennbar wie die Tramlinien. Das war mit einem klaren und konsequenten »Corporate Design«, einem einheitlichen Design, gelungen: Die Busse waren im gleichen Hellgrün lackiert wie die Haltestellen. Letztere hatten eine ganz andere Qualität als die schlichten Schilder, die bisher auf einen Bushalt hingewiesen hatten. An den Haltestellen steht man wind- und wettergeschützt, die Sitzgelegenheiten sind aus Holz und komfortabel. Solarzellen mit Speicher liefern die Energie für eine gute Beleuchtung und für Ladevorrichtungen. Teilweise sind die Dächer mit Insektenweiden begrünt.

Die Kreuzungen in allen Wohnvierteln sind mit Spielplätzen und bequemen und teilweise überdachten Begegnungsräumen bebaut worden. Die schon wegen ihrer Kirschblüte weltweit bekannte Bonner Altstadt ist noch grüner, leiser und menschenfreundlicher als vorher geworden. Die Geschwindigkeit für alle Verkehrsmittel, die sich hier temporär bewegen dürfen, ist auf 10 km/h begrenzt. Lisa, 2000 geboren, ist vor zwei Jahren in die Altstadt gezogen. Sie leiht sich ein Pedelec mit ihrer Bonn-mobil-App. Alles schnell und einfach. Man kann private oder berufliche Nutzung anwählen, und der Schweizer Dienstleister Fairtiq garantiert Bestpreisabrechnung.

Lisa rollt mit Rückenwind hinunter zum Rhein. Schon Anfang der 2020er-Jahre wurde das gesamte Ufer bis zur Beethovenhalle vom Autoverkehr befreit. Autos spielen kaum noch eine Rolle. Zehn Prozent macht der private Autoverkehr noch aus. Im gesamten Stadtgebiet gilt Tempo 30, auch für den öffentlichen Verkehr. Man trifft sich wieder auf den Stadt- und Dorfplätzen, die eben keine Parkplätze mehr sind. Lisa startet durch nach Bonn-Oberkassel auf einem sehr komfortablen Radschnellweg, der teilweise über die parallel zum Rhein verlaufende Bundesstraße geführt ist. So haben Fußgänger:innen, Jogger:innen und Skater:innen mehr Platz am engen Rheinufer, und Konflikte werden vermieden. Die Radnetze sind perfekt ausgebaut. Sie sind teilweise überdacht und mit bewegungsempfindlicher LED-Beleuchtung ausgestattet. Es gab keine Lücken mehr im System, durch die man sich in den 2010er-Jahren noch oft mit gefährlichen Manövern lavieren musste.

Auch Oberkassel ist mit insgesamt 20 Mobilstationen erschlossen. Die Königswinterer Straße, die sie hier liebevoll »KöWi« nennen, ist zur Allee mutiert und hat weitere Geschäfte des täglichen Bedarfs, aber auch Cafés und Restaurants angezogen. Lisa ist Lehrerin in der örtlichen Grundschule.

Das schmucklose und energetisch unsanierbare 1970er-Jahre-Gebäude der Schule war 2025 abgerissen und in einem halben Jahr durch ein energiepositives Gebäude in Holzbauweise ersetzt worden. Eine Erd- und Flusswärmepumpe auf dem Schulgelände speist, kombiniert mit Solarthermie und einem Blockheizkraftwerk, ein Nahwärmenetz, mit dem das gesamte Viertel mit Wärme und Strom versorgt wird. Lisa liebt die lichtdurchfluteten Räume und das angenehme Raumklima, das an ihrer Schule herrscht. Alle Kinder kommen zu Fuß oder mit Rollern und Fahrrädern zur Schule. Der Schulweg ist sicher für Kinder. Die Hauptverkehrsstraße, die KöWi, ist in ihrem zentralen Bereich auf 10 km/h geschwindigkeitsbegrenzt, und die digital vernetzten Fahrzeuge halten dieses Tempo automatisch ein. Alle verfügen außerdem über einen digitalen Bremsassistenten.

Am Nachmittag hat es begonnen zu regnen. Lisa nimmt an der Mobilstation Schule die kleine Gummitram zur Haltestelle Mitte, kann nahtlos umsteigen in die neue City-Tram, alles mit Check-in am Start und Checkout am Ziel über die App. Dieses einfache System funktioniert bundesweit, ja sogar fast europaweit. Die City-Tram in die Viertel am Stadtrand fährt lediglich im Zehn-Minuten-Takt, aber das absolut zuverlässig, weil es keine Behinderung durch den Autoverkehr mehr gibt. An der Haltestelle Kölnstraße angekommen, erfreut sich Lisa an den rosafarbenen Wolken der Kirschblüten, und sie freut sich auf die anstehenden Osterferien.

Mit ihrem Freund Niklas hat sie den Nachtzug nach Barcelona gebucht. Reisen funktioniert in Europa super mit einem vernetzten internationalen Eurobility-Bahnsystem, mit schnellen Tagverbindungen und komfortablen Nachtzügen, die Paris mit Berlin, Kopenhagen mit Mailand, Amsterdam mit Wien und Köln mit Barcelona verbinden. Ja, sogar der legendäre »Orientexpress« von Paris nach Istanbul hatte 2028 wieder seine Fahrt aufgenommen. Die Nahverkehrszüge sind optimal vertaktet mit den Fernzügen. Der Schnelligkeitswahn des Jahrhundertanfangs wurde aus energetischen Gründen aufgegeben. Fernzüge fahren jetzt durchschnittlich 200 km/h, man spart sich allerdings Wartezeiten beim Umsteigen, was die Reisekette insgesamt gleich schnell bleiben lässt. Wie in der Schweiz ist der öffentliche Verkehr zuverlässig auch in ländlichen Gebieten im Halbstundentakt organisiert. Kleine autonome Elektrobusse fahren auf den letzten Meilen. Der Schienenverkehr wurde ausgebaut bis in alle ländlichen Mittel- und Unterzentren.

Zum Nachtzug nach Köln fahren Lisa und Niklas mit einem der kleinen E-Autos. Die Batterietechnik funktioniert mit Lithium, das aus Meerwasser gewonnen wird. Keine Schwermetall- oder Lithiumförderung in Bolivien, Zentralafrika oder China ist mehr nötig. Die Autobahnen sind keine Rennpisten mehr, überall gilt Tempo 100, und die E-Autos laufen ohnehin auf ihrer autonomen Spur. Alles ist deutlich leiser, unaufgeregter und sehr viel sicherer als früher. An den großen Bahnhöfen sind die Parkhäuser zu zentralen Mobilstationen mit mehreren Hundert Stellplätzen für Fahrräder umgebaut worden, ergänzt durch Stellplätze für die E-Mobile des Carsharings. Die stete Nutzung der Fahrzeuge macht deutlich weniger Parkraum nötig. Allein die Tatsache, dass kaum ein Fahrzeug mehr von einem Menschen geparkt wird und dann zehn Stunden nutzlos in der Garage herumsteht, hat die Hälfte der Parkhäuser überflüssig gemacht.

Im Nachtzug hat Lisa das katalanische Tapas-Menü reserviert, so kann sich das Paar schon am Abend auf das Reiseziel einstimmen. In Barcelona buchen Lisa und Niklas mit derselben App wie zu Hause ihre gesamte Mobilität, ein Ergebnis des Green New Deal der Europäischen Union. Einzig Großbritannien hatte auf dem Erhalt seines eigenen Systems bestanden. Brexiteers eben.

Die Unsummen an Geld, die bisher für die Autoinfrastruktur, den Import von Öl und die negativen Folgen des Autoverkehrs aufgrund von Klimaerhitzung, Luftschadstoffen, Lärm und Unfällen ausgegeben werden mussten, standen jetzt für die Umgestaltung der öffentlichen Räume zur Verfügung. Die Straßenräume wurden komplett umgebaut.

Lisa und Niklas hatten eine wunderbare Woche in Barcelona. Die Mobilitätswende war dort schon 2015 gestartet. Aber Deutschland hatte schnell aufgeholt. Die von der Ampelregierung 2023 beschlossenen Beschleunigungsverfahren von Bauprozessen haben hier segensreich gewirkt. Und die Digitalisierung auch von Bürger:innenbeteiligung ließ das sogar ohne Demokratiedefizite zu. Wo ein politischer Wille ist, ist auch ein Weg.

## Raus aus dem Keller: Lokalkraftwerk und Kieznetze

### Narrativ Zukunftswärme

Auch bei der Hauswärme setzte sich sehr schnell eine kollektive Alternative zur individuellen Feuerstelle im eigenen Haus durch. 2030 sind immerhin die Hälfte der Heizungen an lokale Wärmenetze angeschlossen. Nahwärmekraftwerke, gespeist aus Sonnen-, Wind- und Erdwärme, gekoppelt mit Biomasse und Flusswärme, sind seit 2024 in fast allen Neubaugebieten Standard. Die Stadtwerke spielen hier eine entscheidende Rolle. Neues Personal wie Kommunikationsfachleute, Sozialwissenschaftler:innen, Psycholog:innen und Pädagog:innen ergänzen die Schar der dort beschäftigten Techniker, die ihrerseits auf die neue Technik der Nahwärmenetze umgeschult werden. Vieles dreht sich um Beratung, Vertrauen und Dialog, schließlich soll eine völlig neue Idee von Wärmeversorgung etabliert werden.

Schulungsangebote in Kooperation mit den Handwerkskammern und IHKs vermitteln das neue Know-how auch an Sanitärhandwerker:innen, Elektriker:innen und Dachdecker:innen.

Die psychologische Barriere bei vielen Hauseigentümer:innen war das Gefühl, die Heizung nicht mehr unter Kontrolle zu haben, wenn sie nicht im eigenen Keller »wummert«. Das Vertrauen in die gemeinschaftliche Lösung konnte daher nur wohnortnah und mit großer Eigenbeteiligung funktionieren. Ausgehend von Schleswig-Holstein und Baden-Württemberg, rollte die Modernisierung der Hausenergie durchs Land. 2030 war immerhin die Hälfte der Heizungen an lokale Wärmenetze angeschlossen.

Heute, im Jahr 2022, reden alle über die Energiewende, die Mobilitätswende, vielleicht noch über die Klimawende. Über die Haus- oder Wärmewende redete bis zum Ukrainekrieg kaum jemand, noch nicht einmal die Hausbesitzer:innen selbst. Dem Thema fehlt es an Ästhetik und an Status. Seine Heizung kann man nicht so demonstrativ vors Haus stellen wie seinen neuen Mercedes oder Tesla. Im Grunde haben wir uns bei der Hausheizung kaum weiterentwickelt seit der Höhle des Jägers und Sammlers. Wir verbrennen fossile Stoffe, um mit einem brennenden Feuer unsere moderne Höhle zu heizen. Und jede Höhle braucht natürlich ihr eigenes Feuer. In vielen Häusern heizt sogar noch eine vereinzelte Therme die jeweilige Wohnung.

Die Idee, effiziente, quartiersbezogene Wärmepumpen mit Erdwärme, Solarthermie und Photovoltaik zu verbinden, hatte in Deutschland bis zum Jahr 2022 noch kaum Einzug gehalten. Der Ukrainekrieg machte auch hier die Abhängigkeit Deutschlands von russischen Energielieferungen deutlich sichtbar. Innerhalb von Monaten stieg das Interesse an Energieberater:innen sprunghaft an. Wie kann ich mein Haus ohne fossile Brennstoffe heizen? Das ist die Frage, die plötzlich alle umtreibt.

2020 wurden 75 Prozent der Gebäudeenergie durch das Verbrennen von Gas und Öl erzeugt. An ein Fern- oder Nahwärmenetz waren Anfang der 2020er-Jahre nur rund 15 Prozent der deutschen Haushalte angeschlossen.[70]

### *Vorbild Dänemark*

In Dänemark waren das landesweit zu diesem Zeitpunkt schon 63 Prozent, in der Hauptstadt Kopenhagen sogar 98 Prozent. Der Ausgangspunkt dieser Hausenergierevolution in Dänemark war die Ölkrise in den 1970er-Jahren. Das ölabhängige Dänemark erlebte damals eine harte Wirtschaftskrise und schwor sich: Nie wieder!

Bereits 1979 beschloss die Regierung das Wärmeversorgungsgesetz. Danach sind alle dänischen Kommunen verpflichtet, eine kommunale Wärmeplanung aufzustellen, und gehalten, Wärme, wenn möglich, in Kraft-Wärme-Kopplung zu erzeugen. Das heißt, es werden in kleinen Kraftwerken Strom und Wärme gleichzeitig produziert, was sehr effizient ist. Aber auch diese Systeme wurden anfangs meist mit Erdgas betrieben. Die »Unternehmen«, die diese Energiewirtschaft betrieben, waren dem skandinavischen Gemeinsinn angepasst. Der Abgabepreis für Wärme durfte die Bereitstellungskosten nicht über- oder unterschreiten, was genossenschaftliche Organisationsformen nahelegte. 85 Prozent der Wärmenetze in Dänemark wurden 2021 von Genossenschaften betrieben. Die Genossenschaftler:innen produzieren ihre eigene Energie. Damit sind sowohl Kontrolle als auch Beteiligung gewährleistet.[71]

Im Jahr 2030 haben die Dänen Erdgas als Energieträger vollständig ersetzt. Sie betreiben ihre Kleinkraftwerke zu 95 Prozent mit sich erneuernden Energien und Biomasse. Das sind vor allem mit Windstrom betriebene Wärmepumpen und große Solarthermieanlagen. Schon 2021 standen 29 der 30 größten Solarthermieanlagen weltweit in Dänemark.

### *Renewing-Energy-Program*

2023 wurde von der EU, auch unter dem Eindruck des Ukrainekriegs, auf Initiative der dänischen und der deutschen Regierung das EU Renewing Energy Program (REP) ins Leben gerufen. Mit vielen Milliarden Euro wurden der Aufbau und die Vernetzung von Solar-, Wind-, Biomasse-, Wasser- und Erdwärmeprojekten gefördert. Frankreich, Belgien und Ungarn scherten hier aus. Frankreich und Belgien verfolgten den Atompfad, der mit dem EU-Taxonomie-Abkommen von 2022 zunächst noch als nachhaltig eingestuft worden war. Ungarn setzte zunächst weiter auf Erdöl und -gas aus Russland. Dem Rechtspopulisten Viktor Orbán gefiel es offenbar, die EU weiter mit Sonderwegen zu provozieren. Er pflegte trotz des Ukrainekriegs weiter enge Beziehungen zu Putins Russland. Damit hatte sich die EU eine teure und energiepolitisch fatale Doppelförderung aufgebürdet. Streit um die Verteilung der Mittel war vorprogrammiert.

Die Nahwärmekraftwerke und die »große« Energieproduktion, vor allem von Strom, um die Wirtschaft und die elektrifizierte Mobilität am Laufen zu halten, wurden dennoch ab 2025 zunehmend aus einem international vernetzten und lokal verankerten Pool an Energiequellen gespeist. Diese Schwarmproduktion erforderte eine gut gesicherte und koordinierte digitale Steuerung über den ganzen Kontinent.

Der bizarre Streit im ersten Halbjahr 2022 um die neue Gaspipeline Nordstream 2, die Erdgas direkt aus Russland nach Deutschland transportieren sollte, hatte die Ampelregierung in Deutschland kräftig durchgeschüttelt. Bundeskanzler Olaf Scholz sprach schließlich nach einer wochenlangen Hängepartie, während derer Deutschland immer mehr unter Druck seiner Verbündeten geriet, ein Machtwort innerhalb seiner Partei. Die Grünen mit ihrer Außenministerin Annalena Baerbock hatten schon im Wahlkampf ein Aus für die Pipeline gefordert – aus energie- und geopolitischen Gründen. Deutschland machte nun Ernst mit der Klimaaußenpolitik. Die Ex-Greenpeace-Chefin Jennifer Morgan handelte als deutsche Staatssekretärin im Auswärtigen Amt die besagte EU-Kooperation in Sachen Naturenergienutzung aus. Das Renewing Energy Program (REP) der EU gilt inzwischen als Meilenstein der europäischen Klimawende. Auch Frankreich strich angesichts der intelligenten Vernetzung der

Wind-, Sonnen-, Wasser- und Erdenergie nach kurzer Zeit seine Atomausbaupläne auf wenige Atomforschungsreaktoren zusammen und trat 2025 mit Verzögerung dem Programm bei. Belgien folgte mit einem halben Jahr Verzögerung. Strom kommt 2030 EU-weit bereits zu 60 Prozent aus sich erneuernder Energie, das ist mehr als doppelt so viel wie noch zehn Jahre zuvor. Möglich wurde dieser schnelle Erfolg durch den massiven Ausbau von Offshore-Windanlagen in Portugal, Spanien, Griechenland, den Niederlanden, Dänemark und auch in der deutschen Nord- und Ostsee. Alle südeuropäischen Staaten nutzten außerdem endlich ihr Naturkapital in riesigen Solarparks. Alle Länder speisen ihren Naturstrom ins gemeinsame Netz ein und ersetzen damit zügig den fossilen und atomaren Anteil. Speichermedien sind große Wasserstofftanks und synthetisches Gas. Beide Energieträger können über Pipelines und in Tanklastzügen transportiert und direkt als Energieträger genutzt werden. Beide Gase können über Brennstoffzellen beziehungsweise über Gasturbinen wieder in Strom und Wärme zurückverwandelt werden. Durch die intelligente europaweite Vernetzung ist dieses Netz grundlastfähig; die trägen Kohle- oder Atomkraftwerke werden für die Versorgungssicherheit nicht mehr gebraucht.

Für die wirtschaftliche Wärmeversorgung zu Hause allerdings brauchte es ein ähnliches Modell wie das Dänemarks.

### *Die badische Wärmerevolution*

In Deutschland hatte der Ukrainekrieg 2022 die Wende zur kollektiv organisierten Wärmeversorgung eingeläutet. In Deutschland war Baden-Württemberg bei der Wärmewende vorangegangen. Badener und Schwaben führten 2021 als Erste eine Pflicht zur kommunalen Wärmeplanung ein. Schleswig-Holstein folgte kurz danach. Dänemark wurde zum Vorbild für den großen Nachbarn im Süden. Die Wärmewende nahm ihren Anfang in badischen Städten wie Freiburg, Karlsruhe, Offenburg, Rastatt oder Baden-Baden.

Im vulkanisch immer noch aktiven Oberrheingraben sind die geothermischen Bedingungen optimal. Wer hier ein Loch in den Boden bohrt, stellt fest, dass die Temperatur pro 100 Meter um rund sieben Grad steigt. Die einfache Rechnung: Schon bei 1000 Meter Tiefenbohrung erreicht man 70 bis 80 Grad. Genug, um damit sehr effektiv regionale Wärmenetze zu betreiben. Ergänzend können die Flusswärme des Rheins und die sprichwörtliche Sonne Badens genutzt werden, um an den Stadträndern vergleichsweise kleine Wärmekraftwerke zu betreiben, die über große Wärmepumpen und Kraft-Wärme-Kopplung Wärme und Strom produzieren. Und das Ganze funktioniert ohne Schornsteine und Kühltürme.

Die Tücken lagen allerdings im Übergang. 2021 waren in Deutschland noch 650.000 neue Gaskessel installiert worden. Wärmepumpen wurden Anfang der 2020er-Jahre noch zögerlich angeboten. Erstens waren sie doppelt so teuer wie die Gasheizungen, der Einbau dauerte doppelt so lang, und viele ältere Häuser waren nicht niedrigtemperaturtauglich. Die Dämmung war mäßig, viele Heizkörper transportierten niedrige Temperaturen nicht optimal, flächige Fußboden- oder Wandheizungen waren die Ausnahme.

Ende 2022 machte Bundeswirtschaftsminister Robert Habeck seine Ankündigung wahr: Wegen des Ukrainekriegs musste beim Einbau einer neuen Heizung schon ab Mitte 2023 der Anteil der sich erneuernden Energien bei 65 Prozent liegen. Eine Marke, die einen Systemwechsel erforderte. Mit grünem Gas oder gar grünem Wasserstoff war diese Wärmewende nicht möglich, weil es davon zu wenig gab. Das neue Förderprogramm hieß »Klimahaus«. Die Förderquoten orientierten sich am Anteil der Naturenergien.

Martin Pehnt, Geschäftsführer des Heidelberger IFEU-Instituts, brachte es in einem Kommentar für den Berliner *Tagesspiegel* Anfang 2022 auf den Punkt: »Wärmepumpen und – vor allem im städtischen Bereich – Wärmenetze sind die wichtigsten Zukunftstechnologien im Wärmemarkt. Das erfordert einen Abschied von alten Strukturen und einen Systemwechsel in Handwerk, Technologie und Politik.«[72]

Für eine Übergangsphase wurden »Pop-up-Heizungen« benötigt. In den Niederlanden gab es bereits vorgefertigte Heizungsboxen: In einem Kubikmeter war alles drin, was eine Wärmepumpenheizung braucht, und sie war mit wenigen Handgriffen angeschlossen. Außerdem konnte man sie bei einem plötzlichen Ausfall einer fossilen Heizung schnell einbauen. Und wenn dann zwei oder fünf Jahre später der Anschluss an ein Wärmenetz möglich war, konnte sie anderweitig zum Einsatz kommen.

Thomas Kohler hatte in seinem Einfamilienhaus in Karlsruhe-Knielingen noch 2015 einen neuen Gaskessel für über 10.000 Euro einbauen lassen. Der Schornsteinfeger, der Installateur und ein eigens bestellter Energieberater hatten angesichts der kleinen Dachfläche von Solarthermie abgeraten; eine Wärmepumpe hatte keiner von ihnen vorgeschlagen.

Die 2015 noch hochmoderne Gasheizung hatte im Jahr 2022 nach knapp sieben Jahren ihre beste Zeit schon hinter sich. Kohlers Haus war damals 120 Jahre alt. Solide Backsteinmauern, 40 Zentimeter dick, ungedämmt. Die alten Fenster hatte die Familie, als sie das Haus 2002 gekauft hatte, durch die zu dieser Zeit modernsten ersetzt. Das Dach wurde mit Zelluloseflocken gedämmt. Aber die alte Kellerdecke war noch ungedämmt, und die Eingangstür bestand zwar aus dickem Holz, war aber energetisch nicht gerade auf dem besten Stand. Kohler, Mitglied der Grünen, ist umweltbewusst und will seinen Fußabdruck möglichst klein halten. Bereits 2019 war er zu einem Ökogasanbieter gewechselt. Auch dessen Gasrechnung hatte sich während der Ukrainekrise verdoppelt. Und Thomas Kohler wollte weder den Krieg mitfinanzieren noch das Klima weiter anheizen. Was also tun?

Die Lösung war eines der fünf Nahwärmenetze, die auf dem Karlsruher Stadtgebiet entstehen sollten. Mit Unterstützung der Klimaschutz- und Energieagentur Baden-Württemberg (KEA-BW) wurde im Sommer 2022 ein an die regionalen Bedingungen angepasster »Landesplan Wärmenetze« in Zusammenarbeit mit Städten, Gemeinden und Landkreisen erarbeitet. 2030 wollte man wärmeautark sein. Schon 2022 wurden 45.000 Karlsruher Haushalte mit Fernwärme aus einer Erdölraffinerie, einem Heizkraftwerk der EnBW und einer Papierfabrik versorgt. Da die Raffinerie als Wärmelieferant angezählt war, so wie die gesamte Erdölwirtschaft in Deutschland, plante Karlsruhe, die Wärmenetze mit Erd-, Fluss- und Solarwärme zu ergänzen. Vorhandene Leitungen konnten weiter genutzt werden.

### *Der Karlsruher Cube*

Die Erschließung des Wohnviertels, in dem Thomas Kohler lebt, war für 2026 geplant. Alle Bürger:innen von Karlsruhe wurden über die Ausbaupläne informiert und individuell beraten, ob beispielsweise Heizkörper ausgetauscht oder zusätzliche eingebaut werden mussten. Auch wurde geschaut, ob die technisch moderne Gasheizung der Kohlers noch irgendwo anders gebraucht werden konnte, denn die Stadtwerke betreiben seit Anfang 2023 eine Börse für Gebrauchtheizungen. In Kooperation mit den Niederländern und den Dänen entwickelte die Stadt außerdem einen schnell einbaubaren Pop-up-Cube. Diese Notfallheizung kommt überall dort zum Einsatz, wo eine Heizung im Winter ausfällt und schnell Ersatz hermuss. Der Würfel wurde unter dem Titel »Karlsruher Cube« zum Standard.

Im Juni 2026 wurde im Haus der Kohlers der Anschluss an das Naturenergienetz gelegt. In den vier Jahren davor hatten sie bereits die Haustür ausgetauscht und die Kellerdecke gedämmt. Auch dafür gab es im Rahmen des »Fit für Stadtwärme«-Programms Zuschüsse aus dem Stadtsäckel.

2030 sind 90 Prozent der Karlsruher Haushalte an Fern- und Nahwärmenetze angeschlossen. Da die Energie ausschließlich aus sich erneuernden Energien und Biomasse stammt, funktionieren all diese Heizungen klimaneutral und ohne fossile Energie.

Karlsruhe ist damit 2030 Spitzenreiter in Deutschland.

## Klimabauern braucht das Land

### Narrativ Klimalandwirtschaft

Immer mehr Bauern und Bäuerinnen steigen aus der immer technischer und kapitalintensiver werdenden Agroindustrie aus. Sie wollen wieder mehr mit der Natur und nicht gegen sie arbeiten. Die meisten von ihnen sind Bauern und Bäuerinnen geworden, weil sie gerne in der Natur sind und diese auch erhalten wollen. Sie nutzen ihr technisches Wissen jetzt neu, um mehr Naturenergie durch Photovoltaik auf ihren Feldern zu erzeugen. Und sie bauen neues Know-how auf zur Kohlenstoffbindung im Boden. Das bisher vernachlässigte »Carbon Capture and Storage« durch Humusanreicherung in unseren Böden wird vom Bund gezielt gefördert. Das Bundesprogramm »Klimaland« bietet Unterstützung bei der Umstellung und bei den Schulungen. Zur Fortbildung werden bewusst lokale und regionale Gruppen gebildet, die dann auch vor Ort weiter zusammenarbeiten und sich gegenseitig helfen. Neue Räume in den Städten und Dörfern, die durch die Mobilitätswende frei werden, werden vielfach für den urbanen Ackerbau genutzt. Obst und Gemüse wachsen buchstäblich vor der Haustür. Verbunden mit den Bürger:innen der Städte in Genossenschaften, erlangen die »Klimabauern und -bäuerinnen« verlässliche Absatzmärkte. Diese Absicherung wird verstärkt durch die überall wachsenden Erzeugermärkte. Sie ermöglichen den Klimabauern und -bäuerinnen eine lukrativere Direktvermarktung. Humusanreicherung in Böden und die Agrophotovoltaik werden zu zusätzlichen Standbeinen für die Landwirtschaft. Klimabauer ist ein angesehener Beruf.

Ich will nicht als Romantiker gelten. Aber einiges, was ich noch von meinen Großeltern gelernt habe, ist im Grundsatz auch heute noch für eine nachhaltige Landwirtschaft relevant. Meine Oma sagte immer: »Iss Salat, das ist gesund.« Das hat mich als Kind wenig interessiert. Aber es gab eben immer Salat, direkt aus unserem Garten. Endivien, Kopfsalat, Feldsalat. Und viel Gemüse. Die Klassiker wie Spinat, Wirsing, Weiß- und Rotkohl, Sauerkraut – nach der Ernte selbst in einem Steingutpott eingelegt –, Möhren, Bohnen, Zwiebeln, Paprika, Tomaten lieferte unser Garten. Erdbeeren, Pfirsiche, Äpfel, Quitten, Pflaumen gaben uns ein Sommergefühl und später auch Himbeeren, Kiwis und Feigen. Wann haben Sie zuletzt eine Möhre aus dem Boden gezogen, kurz abgewaschen und hineingebissen? Oder wann eine von der Sonne erwärmte Erdbeere gepflückt und gegessen? Das sind Geschmackserlebnisse, die man dann immer wieder sucht.

Dazu hatten wir damals Hühner in einem Hühnerhof. Unterhalb des Gartens hatte mein Opa ein kleines Stück Land gepachtet, zwei weitere fußläufig und mit dem Fahrrad erreichbar. Auf dem nahe gelegenen Land wuchs Gras. Das mähte mein Opa mit der Sense, und es diente, zusammen mit Küchenabfällen und all dem, was die Hühner scharrend im Boden fanden, unseren Eierlieferanten als Nahrung. Gelegentlich wurde ein Huhn geschlachtet und als Suppenhuhn verwendet. Außerdem hielten meine Großeltern ein Schwein. Das war nicht wirklich artgerecht, aber sicher weniger schlecht als die Massenhaltung bei Tönnies. Auf dem weiteren Acker bauten meine Großeltern Kartoffeln an. Davon ernährten wir unter anderem das Schwein und uns selbst. Der Mist des Schweines kam auf einen Misthaufen und wurde im nächsten Frühjahr als natürlicher Dünger in den Gartenboden eingearbeitet. Auf dem zweiten Acker wurde Weizen angebaut, und es war großartig, wenn der Mähdrescher bestellt war und ich auf dem Riesending mitfahren durfte. Das Stroh diente als Einstreu für das Schwein. Der Weizen wurde gemahlen, und meine Oma machte ihr ganz spezielles Brot daraus. Gebacken wurde es immer an Freitagen in der Restwärme eines Backofens bei einem örtlichen Bäcker. Dort versammelten sich eine Handvoll Frauen, die ihr Brot selbst backten, und ich glaube, sie mussten nichts dafür bezahlen. Der Duft des frisch gebackenen Brotes verbreitete sich im ganzen Haus. Mein Opa produzierte sogar seinen eigenen Wein im Garten. Die notwendigen Gerätschaften zur Lese wurden in der Nachbarschaft reihum geliehen. Jeder besaß ein Teil, und man stimmte sich ab, wer wann dran war.

Auf jeden Fall lebten meine Großeltern nach dem Motto: Am besten ernährt man sich von dem, was zu Hause wächst. Beide wurden 87 Jahre alt und starben bei bester Gesundheit.

Wenn man davon absieht, dass mindestens die Trauben meines Opas mit Pflanzenschutzmitteln besprüht wurden, war es ziemlich naturnaher Landbau und vor allem sehr lokale Landwirtschaft. Und wie von mir beschrieben, griffen die unterschiedlichen Methoden sehr sinnvoll ineinander. Fast eine »Kreislandwirtschaft«. Foodwaste gab's bei uns nicht. Alles wurde verfüttert oder kompostiert. Fleisch war selten, und wir wussten, woher es kam und was die Tiere gefressen hatten.

Mir ist klar, dass die große Landwirtschaft so nicht funktioniert. Aber im Prinzip tut sie es eben doch:

Das Gegenteil von ausbeuterischer, industrieller Landwirtschaft ist eine regenerative Landwirtschaft. Sie stellt natürliche Wasserkreisläufe wieder her, arbeitet mit der Natur und nicht gegen sie. Die Netflix-Dokumentation *Kiss the Ground*[73] sieht in unseren Böden eine der zentralen Lösungen für die Klimaerhitzung. Wenn wir unsere Böden mit Kompost düngen und nicht mit Kunstdünger, wenn wir im Wechsel unterschiedliche Pflanzen anbauen, wenn wir Bäume und Sträucher auf unsere Felder pflanzen, wenn wir einfach nur ein halbes Prozent mehr Humus in unsere

Böden einbringen – dann kann Landwirtschaft über die Speicherung von Kohlenstoff in Boden und Pflanzen einen enormen Beitrag zum 1,5-Grad-Ziel leisten.

Wenn wir unsere Böden mit nur 0,4 Prozent mehr Humus aufwerten, kann allein unser Boden die gesamten Treibhausgasemissionen Deutschlands binden! Der französische Agrarminister Stéphane Le Foll hat 2015 im Vorfeld der COP in Paris eine internationale Initiative unter dem Titel »4 Promille« gestartet. Die Grundannahme der Initiative ist, dass mit nur 0,4 Prozent Steigerung des Humus die gesamten globalen anthropogenen Treibhausgase eingespart werden könnten. Das Ausmaß, in dem diese natürliche *Carbon Capture and Storage (CCS)* ($CO_2$-Abscheidung und -Speicherung) praktisch möglich wäre, ist allerdings umstritten. Wichtige Bestandteile einer solchen »Bodenkohlenstoffstrategie« sind die Wiedervernässung von Moorböden, die in den letzten Jahrzehnten für die Landwirtschaft trockengelegt worden waren, die organische Düngung und das Einbringen von Ernteresten in die Böden, gezielter Zwischenfruchtanbau mit kohlenstoffmehrenden Kulturen wie Gras, Klee, Luzerne und Hülsenfrüchten. Außerdem liegt ein großes Potenzial in der Umwandlung von Ackerland in Grasland, gepaart mit einer Tierhaltung auf diesem Weideland. Diese Böden nehmen Treibhausgase aus der Atmosphäre auf, anstatt durch die Intensivbewirtschaftung deren Ausstoß aus den Böden zu befördern. Aus einer Treibhausgasquelle wird so eine Treibhausgassenke. Die Initiative arbeitet weiter an ihrem Ziel.[74]

Das Thünen-Institut in Braunschweig hat im Auftrag des Bundesministeriums für Landwirtschaft und Ernährung das Klimasenkenpotenzial der Böden für Deutschland ermittelt. Das Ergebnis: Auch in Deutschland ist das Potenzial bei entsprechender Umstellung der Land- und Forstwirtschaft riesig. In ihrem Bodenzustandsbericht errechneten die Forscher für 2016 eine Kohlenstoffspeicherung in Wald- und Agrarökosystemen, die den $CO_2$-Emissionen Deutschlands von 23 Jahren entspricht.[75]

### *Save our Soils*

Die weltweite Bewegung des indischen Yogis Sadhguru »Save Soil« (vgl. www.savesoil.org) arbeitet für einen höheren Anteil von Humus in den

Böden. Oft wird der Name auch mit *Save our soils* ergänzt, was man auch als *Save our souls* verstehen kann. Ein SOS unserer Erde an uns selbst. Wenn wir weiterhin Landwirtschaft wie bisher betreiben, wird bald kein Boden mehr da sein, der sich zu bepflanzen lohnt.

Sadhguru formuliert es so: Was wir heute sehen, ist regelrechte Bodenauslöschung. Wenn Sie organische Substanz zu Sand hinzufügen, wird Sand zu Erde. Wenn Sie die organische Substanz entfernen, wird Erde zu Sand. Drei bis sechs Prozent organischer Anteil ist das Minimum. Die Böden mit höherem Humusanteil binden allerdings nicht nur Treibhausgase. Ein humusreicher Boden ist auch nährstoffreicher. Die Nährstoffe unserer Lebensmittel haben sich in den letzten Jahrzehnten drastisch minimiert. Um die gleichen Mineralien, Vitamine und Spurenelemente wie aus einer Orange der 1920er-Jahre zu sich zu nehmen, muss man heute acht Orangen essen.[76]

Die mit der eingangs schon erwähnten *Planetary Health Diet* verbundene Reduzierung der Tierhaltung und unseres übermäßigen Fleischkonsums hätte eine dreifache Wirkung: Es gäbe deutlich weniger Treibhausgase. Weniger Menschen würden an den klassischen Zivilisationskrankheiten, wie Herz-Kreislauf-Erkrankungen, Krebs oder Diabetes, leiden und sterben. Hier gilt übermäßiger Fleischgenuss als wichtiger Auslöser.[77]

Und das übrig gebliebene Viertel an Gras fressenden Wiederkäuern erhöht die Kohlenstoffbindung in den Böden. Auf diese Weise lässt sich nämlich die sehr technisch anmutende Idee von *Carbon Capture and Storage* (frei übersetzt: Kohlenstoff einfangen und lagern) auf ganz natürliche Weise in die Tat umsetzen. Über Photosynthese fangen Pflanzen Kohlendioxid ein, transportieren den Kohlenstoff in den Boden, ernähren damit die Mikroorganismen in der Erde und scheiden Sauerstoff ab.

Die Wurzeln, die in einem gesunden Boden fein verästelt die Pflanzen verankern, transportieren die für das Wachstum notwendigen Mineralien aus dem Boden in die Pflanzen. Eine Handvoll lebendiger Boden enthält eine größere Zahl an Lebewesen als alle Menschen, die auf der Erde leben, zusammen. Indem wir Pflanzen essen, transportieren wir die Nährstoffe, die wir zum Leben brauchen, aus dem Boden in unsere Körper. Gesunder Boden = gesunder Mensch.[78]

### *Die Essbare Stadt Andernach 2.0*

Es hatte 2010 begonnen. In der kleinen Stadt Andernach am Rhein machte sich eine Handvoll Menschen auf, eine »Essbare Stadt« aus Andernach zu machen. Alle Grünflächen, deren Böden nicht belastet waren und die nicht zu nah an viel befahrenen Straßen lagen, wurden mit Obst und Gemüse bepflanzt. Die Stadt tat das für ihre Menschen. Und diese sollten die Lebensmittel nach ihrem Gutdünken ernten dürfen. »Pflücken erlaubt statt Betreten verboten. Eltern haften für ihre Kinder.« Alle Bedenken – und es gab viele davon –, beispielsweise dass der Gemüsehandel in den Supermärkten leide oder alles durch Vandalismus zerstört werde, haben sich nicht erfüllt. Das Experiment war ein voller Erfolg. Das Projekt setzte von Anfang an auf eine sogenannte urbane Permakultur, eine nachhaltige Form der Landwirtschaft, die ökologische Kreisläufe berücksichtigt. Das heißt, in Andernach wurden alte, robuste, angepasste Sorten angebaut. In einem Jahr über 300 verschiedene Tomatensorten, im nächsten 101 verschiedene Bohnensorten. Auf den verkehrsnahen Flächen pflanzten die Gärtner:innen lokal angepasste Stauden. Diese Flächen wurden zu Blumenwiesen und Insektenweiden. Und – ein durchaus wichtiger Faktor für die Stadt – durch die mehrjährigen Stauden benötigten diese Beete nur noch ein Zehntel der Arbeit, die beim immer wieder erneuten Bepflanzen, beispielsweise mit Stiefmütterchen, angefallen war. 2017 installierte die Stadt Brunnen, und Andernach wurde zur trinkbaren Stadt. Im gleichen Jahr wurde Hopfen an der alten Stadtmauer gepflanzt. Das damit gebraute Bier avancierte zum Kultgetränk. Das Saatgut und der Kompost wurden am Rand der Stadt in einem Permakulturhof erzeugt. Schulklassen lernten auf diesen Höfen und in der Stadt, dass Erdbeeren nah an der Erde wachsen, dass Erde, Wasser und Samenkörnchen ausreichen, um eine große Pflanze wachsen zu lassen. Sie wühlten in der Erde und machten Bekanntschaft nicht nur mit Regenwürmern. Die Menschen waren stolz auf ihre schöne Stadt, die auch gleichzeitig noch nützlich war, freuten sich an Gemüsearten, die sie bisher noch nicht kannten, und die Älteren unter ihnen erinnerten sich an den Ackerbau, wie er früher war. In der Coronakrise ab 2020 erholten sich die Menschen von Andernach in ihren urbanen Gärten von Lockdowns und Quarantänen.[79]

***Food4Future: Wie könnte diese Erfolgsgeschichte weitergehen?***

Blicken wir wieder in die Zukunft: Wir schreiben das Jahr 2030. Ab 2022 gingen die Andernacher:innen den nächsten Schritt. Bis dahin war die »Essbare Stadt« eine Top-down-Initiative, also die Stadt pflanzte, und die Bürgerinnen und Bürger ernteten. Nach 2022 entwickelte sich ein Boom bürgerschaftlichen Engagements. Die mittelalterliche Innenstadt wurde 2024 auf Initiative der Menschen autofrei. Das schuf neue Räume: für mehr Grün, für Sportplätze, für Theater und Musik. Insgesamt 1.000 Bäume wurden mithilfe von Baumpatenschaften und der Stadt gepflanzt – in einer Stadt mit knapp über 30.000 Einwohnerinnen und Einwohnern. Die Grünräume in der Stadt wurden bis 2025 verdreifacht. Ein versiegelter Bachlauf wurde wieder freigelegt, und Wasserspiele für Kinder wurden angelegt.

Bürgergenossenschaften schlossen sich mit den umliegenden Bauern und Bäuerinnen zusammen. Sie trugen die Idee der urbanen Permakultur ins Umland. 2025 waren alle Bauern und Bäuerinnen der Umgebung in ein Direktvertriebsnetz für die Stadt Andernach und die umliegenden Gemeinden integriert. Außerdem wurden die Bauern und Bäuerinnen um Andernach zu »Klimabauern und -bäuerinnen«. Nicht nur, dass sie sehr darauf achteten, den Humusgehalt in der Erde wieder deutlich zu erhöhen. Das von Bundeslandwirtschaftsminister Özdemir und Wirtschaftsminister Habeck 2024 begründete Förderprogramm »Klimaland« wurde von den Andernacher Genossenschaften intensiv genutzt. Darüber wurde nicht nur die Humusanreicherung der Böden gemessen und entsprechend belohnt. Ackerland wurde außerdem mit Photovoltaikanlagen bestückt. Darunter wachsen Nahrungs- oder Futtermittel, denen zu intensive Sonne nicht bekommt. Außerdem schützen die Solarpanels vor Hagel und Starkregen. So wurden die Landwirte zu »Klimabauern und -bäuerinnen« in doppelter Hinsicht. Das schuf einerseits zusätzliche Einnahmequellen und vergrößerte die Unabhängigkeit von Wetterextremen. Eine weitere Bundesförderung gab es für die Nutzung von Biomasse in Nahwärmekraftwerken. Die Andernacher:innen, die auf vulkanischem Untergrund siedeln, bauten insgesamt acht solcher Kleinkraftwerke, in denen Solar- und Geothermie, verbunden mit Biomasse, Nahwärme und

Strom erzeugen. Durch diese verschiedenen Standbeine stellten sich die Andernacher Bauern und Bäuerinnen stabil auf.

Sie wurden zu größeren Arbeitgebern als zuvor und erarbeiteten sich eine andere Position in der Stadt. Die biologische Produktion war arbeitsintensiver als die konventionelle, dadurch entstanden neue Arbeitsplätze auf den Höfen. Und da die Bauern und Bäuerinnen mit den Genossenschaften in engem Austausch standen, bildeten sich ganz neue lokale Beziehungsnetze. Arbeitsplätze auf dem Bauernhof waren geschätzt. Junge Leute machten oft ein landwirtschaftliches Praktikum, bevor sie einen Beruf erlernten oder studierten. Und einige blieben auch bei der Landwirtschaft. Die Mitglieder der Genossenschaft werden 2030 durch Cargobikes regelmäßig mit Gemüse und Obst der Jahreszeit aus lokalem Anbau versorgt. Dreimal in der Woche findet jetzt ein großer Erzeugermarkt in der Altstadt von Andernach statt. Alte Konservierungstechniken wurden wiederentdeckt: Sauerkraut herstellen, Wurzelgemüse in Erdmieten lagern oder Gemüse einwecken.

Die Kühlhäuser funktionieren mit lokal erzeugtem Solarstrom. So ist auch im Winter noch eine breite Palette an Gemüse verfügbar. Durch die Vielfalt an Gemüse und Obst und die Anpassung der Methoden an die Permakultur sank der Fleischkonsum drastisch. Die Bodenqualität in und um Andernach verbesserte sich messbar. Der Humusanteil in den so beackerten Böden lag um ein, teilweise zwei Prozent höher als in konventionellen Betrieben. Hochrechnungen ergaben, dass die Speicherung von Kohlenstoff in den Andernach zurechenbaren Böden und die zusätzliche Produktion von sich erneuernder Energie die verbliebenen Emissionen um das Doppelte überstiegen. Andernach ist nun, im Jahr 2030, deutlich klimapositiv, unter anderem durch »Carbon Capture and Storage Soil«.

Die Andernacher:innen haben die Treibhausgase buchstäblich vergraben und ihre Stadt wahrlich zu einem »Lebensmittelpunkt« gemacht.

## Interview Lutz Kosack

### *Die Stadt als Lebensmittelpunkt*

Dr. Lutz Kosack ist Diplom-Ökogeologe und Initiator der »Essbaren Stadt Andernach«. Er ist aktuell wissenschaftlicher Mitarbeiter am Institut für Nutzpflanzenwissenschaften und Ressourcenschutz der Universität Bonn.

Herr Kosack, Sie haben die »Essbare Stadt« Andernach mit erfunden. Was können wir aus diesem Beispiel lernen für eine gelingende Kommunikation in Bezug auf unsere Ernährung und eine nachhaltige Landwirtschaft?

KOSACK: Die Frage »Wie können wir ›normale‹ Menschen erreichen?« ist der Ursprung der »Essbaren Stadt«. Wir bringen Pflanzen in die Stadt zurück, wir bringen Lebensmittel in die Stadt zurück. Wir machen die Stadt zum Lebensmittelpunkt. Es ging uns darum, Menschen wieder mit Natur in Berührung zu bringen.

MA: Sehen Sie Urban Gardening oder Urban Farming als Möglichkeit der zukünftigen Ernährung von Stadtgesellschaften?

KOSACK: Andernach ist nie als eine Subsistenzwirtschaft angelegt worden in dem Sinne, dass wir die Stadt von den kleinen Flächen ernähren wollten. Dazu müssten wir die Produktion ungefähr vertausendfachen. Es ist eher gedacht als ein Kommunikationsprojekt unter der Überschrift »Zurück zu den Wurzeln«.

MA: Wie bewerten Sie unsere derzeitige Landwirtschaft? Der ökologische Landbau bewegt sich derzeit bei rund elf Prozent der Anbaufläche. Das entspricht einer Verdoppelung in den letzten zehn Jahren. Wie kommen wir bei dem Tempo zu der Agrarwende, die wir zum Schutz der Lebensgrundlagen brauchen?

KOSACK: Wir sind in der Landwirtschaft immer noch sehr archaisch unterwegs. Es ist völlig irrational, was in der industriellen Landwirtschaft passiert. Wir führen buchstäblich Krieg gegen die Natur. Mit Pestiziden, Fungiziden, Düngemitteln. Der wissenschaftliche Naturschutz kommt im

Alltag unserer Landwirtschaft nicht an. Ein weiteres Beispiel: Wir sind mit der Bonner Universität sehr aktiv beim Wiederaufbau des Ahrtals. Es gibt hier ernsthafte Diskussionen, Bäume an bestimmten Stellen zu fällen, damit das Wasser beim nächsten Hochwasser besser abfließen kann. Die diametral falsche Richtung. Meine Kolleginnen, Kollegen und ich an der landwirtschaftlichen Fakultät der Uni verfolgen eine andere Form der Landbewirtschaftung. Wir sind Kriegsdienstverweigerer gegenüber der Natur.

Was hat Andernach bei diesem Thema bewirkt? In den Hochbeeten mitten in der Stadt konnten Bürgerinnen und Bürger Natur und Lebensmittel buchstäblich begreifen. Diese haptischen Erfahrungen sind sehr wichtig. Auch mal in der Erde zu wühlen. Zu verstehen, was ein lebendiger Boden und was ein toter Boden ist.

**MA: Sie setzen in Andernach auf Permakultur. Sie bringen Ihre Erkenntnisse in die Schulen. Wie reagieren die Menschen?**

**Kosack:** Die »Essbare Stadt« ist ein Top-down-Projekt. Wir haben hier nicht Hunderte von Menschen involviert. Aber wir kommunizieren viel und anfassbar. Wir produzieren Gemüse, Eier, in geringen Mengen Fleisch, und man kann das im Hofladen am Rand der Stadt kaufen. Jeder weiß dann, diese Tomate ist beim Bauer Schmitz um die Ecke gewachsen. Gerade in Coronazeiten hatten wir einen enormen Zulauf. Der Nachschub im Supermarktregal schien nicht mehr sicher. Die Verkäufe in unserem Hofladen haben sich 2020 von 300 Euro auf 3.000 Euro im Monat verzehnfacht. Das zeigt aber auch gleichzeitig die bescheidene Dimension. Die Beendigung unseres Krieges gegen die Natur gelingt nur mit den Bauern, aber mit kleineren Hofgrößen, mit dezentraler Landwirtschaft, in der die Menschen auch wieder eine konkrete Produktionserfahrung machen können.

**MA: Die Bauern fordern aber immer mehr Subventionen für immer größere Höfe. Mit nachhaltiger Landwirtschaft könnten sie nicht überleben, so das herrschende von der EU bediente Narrativ.**

**Kosack:** Noch mal: Wir können keine Landwirtschaft ohne Bauern betreiben, auch keine gute. Es geht dabei stark auch um den Wert, den wir unseren Lebensmitteln beimessen. In den 1950er-Jahren haben die Menschen 50 Prozent ihres Einkommens für Essen ausgegeben. Heute sind es in Deutschland noch neun bis zehn Prozent. In Frankreich immer noch 25 bis 30 Prozent. Das dokumentiert die Wertschätzung der Franzosen für Essen. Die Frage hier wie in vielen anderen Fragen der nachhaltigen Transformation ist, lernen wir *by desaster* oder lernen wir *by decision*. Ich bin eindeutig für Letzteres. Was haben wir in Andernach erreicht?

Am Anfang herrschte große Aufregung. Presse aus ganz Deutschland und auch aus fernen Ländern kam zu uns. Dann verlor die Presse ihr Interesse. Die Aufregungsdemokratie zog weiter. Was bleibt in Andernach? Die Menschen sind stolz auf ihre Stadt. Ältere Menschen fühlen sich geerdet durch Gemüse und Früchte mitten in der Stadt. In einer komplexen Welt haben wir wieder Bezüge zum Ort, an dem wir leben, hergestellt. Das fühlt sich gut an, weil wir wieder ein bisschen mehr Kontrolle spüren. Selbstkompetenz, Selbstwirksamkeit ist ein starkes psychologisches Mittel gegen Katastrophenangst.

**MA: Wie sieht der Lebensmittelpunkt Andernach 2030 aus, wenn die Entwicklung eine gute gewesen sein wird?**

**Kosack:** Wir haben die Stadt weitgehend vom Autoverkehr befreit. Es findet dreimal pro Woche ein regionaler Markt statt, auf dem all die Produkte verkauft werden, die in und um Andernach produziert werden. Die Bürgerinnen und Bürger kennen ihre Landwirte, sie sind wertgeschätzte, wichtige Menschen in unserer Stadtgesellschaft. Die EU und die Bundesregierung haben staatliche Hilfen auf gemeinwohlorientierte Produktion fokussiert. Im Kontext des Green New Deals wurde auch erkannt, dass lebendige Böden viel mehr $CO_2$ binden können als ausgelaugte industriell bearbeitete Böden. Humushaltige Böden speichern 15 bis 20 Prozent mehr Treibhausgase. Damit sind die Böden als $CO_2$-Senken noch viel relevanter als Wälder. Diese Klimaleistung ist ein zentrales Kriterium in den neuen Förderrichtlinien. Die Preise für die Verbraucherinnen und Verbraucher sind gestiegen, aber nicht exorbitant, weil der Zwischenhandel wegfällt. Bei den Bauern bleibt in der direkten Vermarktung vom Acker zum Erzeugermarkt viel mehr hängen.

Die Lebensmittelrechnung bleibt auch deshalb überschaubar, weil der Fleischkonsum deutlich zurückgegangen ist. Gartenbau ist zum offiziellen Schulfach geworden, und es gibt in allen Schulen Lehrgärten.

**MA: Ein schönes Bild. Zum Schluss noch eine politische Frage. Bauern sind politisch eher konservativ eingestellt. Ist Ihr Modell auch in konservativen Kreisen kommunizierbar?**

**Kosack:** Gerade viele junge Bauern, mögen sie auch konservativ sein, sind vor allem sehr innovativ. Da bewegt sich vieles. Das ist uns in Andernach auch gelungen, diese Grenzen von hier der gute Biobauer und dort auf der anderen Seite des Grabens der böse konventionelle Bauer zu überwinden. Wir haben Begegnungsräume geschaffen. Ich erzähle Ihnen noch eine Geschichte aus Andernach. Ich war in unserer »Essbaren Stadt« mit einer Gruppe von »Transition Town Aachen« unterwegs, und wir begegneten einer Kollegin, die mit den »Katholischen Landfrauen Groß-Gerau« durch die Felder ging. Es entwickelte sich eine sehr lebhafte Diskussion zwischen den beiden höchst unterschiedlichen Gruppen, und wie soll ich sagen: Die »Essbare Stadt« war buchstäblich ihr *common ground*, ihr gemeinsamer Boden.

## Wirtschaft im Gleichgewicht

> Glücksökonomienarrativ
>
> Wirtschaft ist für die Menschen da. Eine neue Definition von Wirtschaft bedient einen positiven Wertekanon. Wirtschaft übernimmt Verantwortung für Menschen und das natürliche Gleichgewicht. Menschen sollen gut leben können, in Sicherheit und Frieden, mit einer Aufgabe, die sie für wichtig halten und die von anderen wertgeschätzt wird. Menschen haben alles, was sie zum Leben brauchen: sauberes Trinkwasser, gutes Essen, ein Dach über dem Kopf, ein gutes Bildungssystem, ein gutes Gesundheitssystem. Alle Menschen empfinden den Umgang miteinander als fair. Alle wirtschaftlichen Aktivitäten beachten die ökologischen Grenzen unseres Planeten. Wir achten saubere Böden, saubere Luft und sauberes Wasser. Wir produzieren in Kreisläufen ohne Müll. Die Biodiversität ist ein hoher Wert, den wir auch in

unserer Landwirtschaft, unserer Lebensmittelproduktion achten. Die Energien, die wir einsetzen, sind Naturenergien. Wir vermeiden unternehmerisches Handeln, das zur Klimaerhitzung beiträgt. Ziel des Wirtschaftens ist nicht Wachstum, sondern Gleichgewicht.

Um es gleich zu sagen, für die Wirtschaft habe ich keine wünschenswerte Geschichte aus der Zukunft anzubieten. Bisher sind es nur Bausteine. Es ist eben hochkomplex, eine neue Wirtschaftsordnung zu formulieren. Nehmen Sie also meine Gedanken, die ich hier formuliere, als Diskussionsbeitrag. Unser Denken und Handeln wird seit inzwischen drei Generationen im globalen Westen von einem sehr einfachen Paradigma geleitet. Und da der Westen spätestens seit den 1950er-Jahren sein Verständnis von Wirtschaft globalisiert hat, ist dieses Paradigma sehr wirkmächtig. Ich halte es dennoch für falsch und für die Zukunft unserer Welt für fatal.

Die Erzählung der nach wie vor dominierenden neoliberalen Wirtschaftsdoktrin geht wie folgt: Der *Homo oeconomicus* ist bestrebt, seinen individuellen Nutzen zu maximieren. Das tut er, indem er möglichst viele Dinge konsumiert. Klarer noch wird die Rolle des Individuums mit dem Begriff »Verbraucher« beschrieben. Der Verbraucher kauft möglichst viele Dinge, um sie zu nutzen. Dabei verbraucht er sie und muss dann neue kaufen. Der Verbraucher erwirtschaftet sein Einkommen, indem er die Dinge, die er verbrauchen will, herstellt: als Arbeitnehmer. Der Unternehmer, der die Fabriken betreibt, die die Güter herstellen, zahlt dem Arbeitnehmer einen Lohn für seine Arbeit. Mit diesem Lohn kauft der Verbraucher die Dinge, die in der Wirtschaft hergestellt werden. Wenn er mehr verbraucht, verdient der Unternehmer mehr Geld, das er wiederum investiert, um noch mehr Güter herzustellen. Dafür stellt er mehr Arbeitskräfte ein, die damit ihr Einkommen erwirtschaften, mit diesem Einkommen Dinge kaufen und damit ihren Nutzen maximieren. Dadurch entsteht Wachstum. Schwächelt das Wachstum, kann der Unternehmer nicht investieren, bzw. er muss weniger produzieren und daher Arbeitskräfte entlassen, die dann weniger konsumieren usw. Das System basiert also auf der Annahme, dass wir alle immer mehr verbrauchen, so immer mehr

Wachstum erzeugen und so einer wachsenden Menschheitsbevölkerung Arbeit verschaffen. Je mehr Dinge wir verbrauchen, desto höher ist unser wirtschaftlicher Wohlstand. Die Gesamtheit aller Waren und Dienstleistungen, die eine Nation herstellt, nennt man Bruttoinlandsprodukt (BIP). Je höher das BIP, desto größer der Wohlstand einer Nation. Der Staat hat in diesem Modell praktisch keine Rolle. Er muss Infrastruktur bereitstellen, Bildung organisieren und kann sich darum kümmern, dass arbeitslose Menschen nicht verelenden. Muss er aber nicht. Der Markt wird es richten. Der Preis ist die Stellgröße für alles. Der Mensch als gesellschaftliches, kulturelles, soziales Wesen kommt nicht vor. Die Erde bietet einen unerschöpflichen Vorrat an Rohstoffen und Material.

Bei Experimenten in der Physik und auch in den Sozialwissenschaften ist es üblich, im Labor bestimmte Rahmenbedingungen außer Acht zu lassen bzw. diese Rahmenbedingungen einfach gleich zu ignorieren. Das nennt man dann »ceteris paribus«, sinngemäß auf Deutsch: »unter gleichen Umständen« – wissend, dass es sich um eine vereinfachte Laborsituation für ein Experiment handelt.

Dummerweise liegt das Weglassen von sozialen und ökologischen Rahmenbedingungen auch dem Experiment zugrunde, das wir »Wirtschaft« nennen, die wiederum unser aller Leben seit vielen Jahrzehnten bestimmt. Allerdings leben wir Menschen nicht im Reagenzglas, und dieses Weglassen führt zu katastrophalen Konsequenzen für uns alle.

Bisher haben wir es nicht geschafft, ein Alternativmodell zu entwickeln, das so simpel daherkommt wie die bisherige Wachstumstheorie. Ob Gemeinwohlökonomie oder *Sustainable Development Goals* (SDGs), *Corporate Social Responsibility* (CSR) und *Environmental Social Governance* (ESG): Wenn wir die Nachhaltigkeitsorientierung von Unternehmen messen wollen, ist das Ergebnis bisher oft eine sehr detaillierte Matrix mit sehr vielen Querbezügen. Und unterschiedliche Bewertungssysteme kommen oft zu ganz unterschiedlichen Bewertungen ein und desselben Unternehmens. Um nur ein Beispiel hier noch mal herauszugreifen: Elon Musk, der Gründer des Elektroautobauers Tesla, empörte sich kürzlich darüber, dass sein Unternehmen aus dem Standard&Poor ESG 500 Index rausgeflogen ist wegen schlechter Arbeitsbedingungen, Rassismus am Arbeitsplatz und wenig sozialer Unternehmensführung. Während Exxon, der Ölmulti, in diesem Ranking weiter empfohlen wurde. In diesem Bewertungsindex zählen die Umwelteinflüsse des hergestellten Produktes nicht. Es werden lediglich Ölfirmen mit Ölfirmen und Autohersteller mit Autoherstellern verglichen und dann die jeweils besten aufgenommen. Man nennt das »Best-in-Class-Ansatz«. Allein dieses Beispiel zeigt, dass die nachhaltige Bewertung von Unternehmen komplex ist. Nun kann man sagen, so komplex ist die Welt nun mal. So funktioniert aber der Mensch nicht. Wenn eine Veränderung kompliziert ist, macht der Mensch nicht mit. Weder hat dieser öffentliche Streit um Nachhaltigkeitsbewertungen das Vertrauen von Investor:innen in ESG-Ratings bestärkt, noch hat er die Motivation von Unternehmen erhöht, sich solchen Ratings auszusetzen, wenn sie es nicht müssen.

In den letzten Jahren nehmen die Versuche zu, eine neue Ökonomie zu beschreiben. Maja Göpel ist auch deshalb eine so gefragte Gesprächspartnerin in Talkshows und im Diskurs der Ökonomie, weil sie mit *Unsere Welt neu denken* genau diesen Versuch unternimmt, Wirtschaft und Nachhaltigkeit »neu zu denken«. Und sie versucht dieses neue Denken auch einfach zu erklären. Michael Braungart hat mit anderen bereits in den 1990er-Jahren das Prinzip *Cradle to Cradle* einer Kreislaufwirtschaft entworfen. Gegen die herrschende Ökonomie stehen die Postwachstumsforscher, wie Tim Jackson, der das wunderbare Zitat geprägt hat: »We spend money we don't have, on things we don't need, to create impressions that don't last on people we don't care about.« Auf Deutsch: »Wir geben Geld aus, das wir nicht haben, für Dinge, die wir nicht brauchen, um Eindruck zu machen, der nicht bleibt, auf Leute, die uns nicht interessieren.«

Und nicht zuletzt kritisiert Kate Raworth' *Donut-Ökonomie* den Glauben ans immerwährende Wachstum, indem sie einen sehr umfassenden Ansatz für eine globale Wirtschaft liefert, der individuelles Wohlergehen mit den planetaren Systemgrenzen in Einklang bringt.[80] Es gibt also gute und sehr intelligente Bausteine für eine andere Wirtschaft, aber bisher kein neues Modell, das sich als Gegenentwurf zum dominierenden Wachstumsmodell hätte durchsetzen können. Weder global noch wenigstens in regionalen Versuchsräumen. Die Aufgabe bleibt bestehen, dass eine nachhaltige Wirtschaftstheorie, die die bisherige zerstörerische ablöst, noch formuliert werden muss.

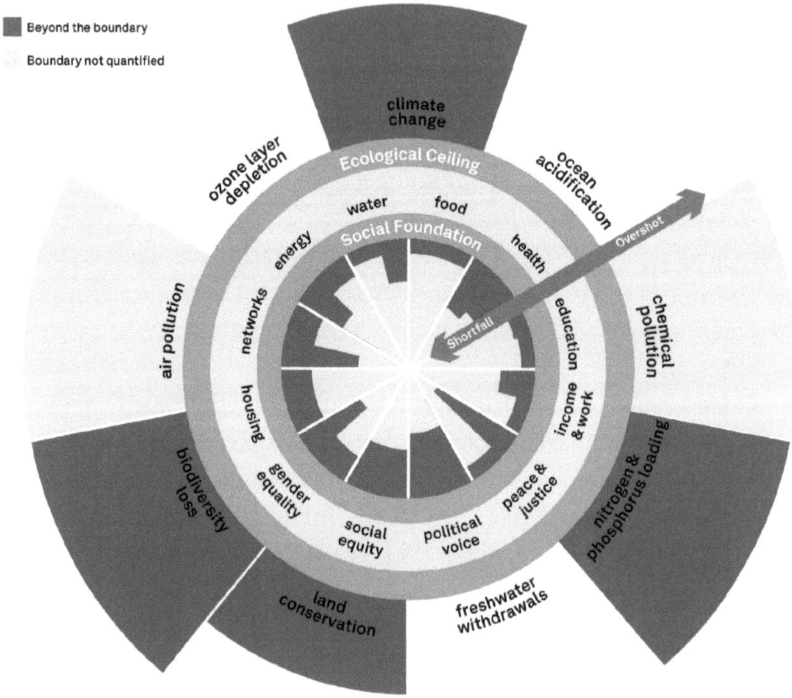


Die Donut-Economy verbindet planetare Grenzen und individuelles Wohlergehen.[81]

### *Essenz des kapitalistischen Egoismus*

Von Milton Friedman, Professor an der Universität von Chicago und theoretischer Mitbegründer des Neoliberalismus, stammt der Satz: »The only business of business is business.« Die politische Umsetzerin des Neoliberalismus, Margaret Thatcher, fügte das andere Puzzleteil zu der kalten Welt der Chicagoer Schule hinzu. »So etwas wie die Gesellschaft gibt es nicht. Es gibt einzelne Männer und Frauen, und es gibt Familien. Keine Regierung kann existieren, ohne dass die Menschen zunächst für sich selbst sorgen.« Zusammengefasst: Die Wirtschaft kümmert sich um die Wirtschaft, und die Bürger:innen kümmern sich um sich selbst. Weder

der Staat noch die Wirtschaft hat irgendeine Verantwortung für das Wohlergehen der Menschen oder gar des Planeten.

Die andere »heilige Kuh« der neoliberalen Wirtschaftsideologie ist das Wachstum. Der amerikanische Schriftsteller und Philosoph Edward Abbey brachte den selbstzerstörerischen Gedanken des immerwährenden Wachstums auf die einfache Formel: »Growth for the sake of growth is the ideology of a cancer cell.« Wachstum um des Wachstums willen ist die Ideologie einer Krebszelle.[82]

### *Der fehlende Kompass*

Ich könnte mich hier noch lange über die Absurdität des ungebrochenen Wachstumsparadigmas ausbreiten. Über die zu Glaubenssätzen erhobenen Zusammenhänge von Wachstum und Arbeitsplätzen etwa oder den sogenannten Trickle-down-Effekt, der uns weismachen will, dass bei anhaltendem Wachstum irgendwann der Wohlstand auch zu den Ärmsten »durchsickert«. Wie Kate Raworth auch schreibt, wird der Begriff »Wachstum« mit immer neuen Adjektiven wie »grün« oder »nachhaltig« geschmückt, aber das ändert nichts an der Idee, dass immer weiter alles wachsen muss, nur anders. Um es mal ganz einfach auszudrücken: Wenn ich Wasser in ein Glas laufen lasse, dann läuft das Glas über, wenn es voll ist. Genauso einfach ist es mit unserem begrenzten Planeten Erde. Er ist ein wunderbar auf Balance ausgerichtetes System, aber unbegrenztes Wachstum ist in einem begrenzten System logischerweise nicht möglich.

Die drei Wirtschaftswissenschaftler Jean-Paul Fitoussi, Amartya Sen und Joseph Stiglitz leiteten im Jahr 2008 im Lichte der Weltfinanzkrise eine Wissenschaftler:innenkommission, die der damalige französische Präsident Nicolas Sarkozy beauftragt hatte, um die aktuellen wirtschaftlichen Messgrößen zu bewerten. Sie kamen zu dem Schluss, dass »die Entscheidungsträger, die unsere Wirtschaft und unsere Gesellschaften führen, Piloten gleichen, die ohne verlässlichen Kompass einen Kurs zu steuern versuchen«.[83] Mal ehrlich? Würden Sie sich in ein solches Flugzeug setzen?

Mit den alten ökonomischen Theorien wird der Kompass in Zeiten des globalen »Overshot«, also eines permanenten Überkonsums, nicht neu zu justieren sein. Es braucht eine neue Idee, und sie muss die Begrenzungen

des Planeten gleichermaßen berücksichtigen wie Werte, Moral und Menschenrechte, die Bedürfnisse des Individuums und der Gesellschaft.
Zur Orientierung können hier zwei Konzepte dienen, die in der Nachhaltigkeitsdebatte der letzten zehn Jahre eine Rolle gespielt haben: die Gemeinwohlökonomie von Christian Felber und die bereits erwähnte Donut-Ökonomie von Kate Raworth.

Aus Kommunikationssicht bevorzuge ich Raworth' Donut. In diesem einfachen Bild sind die zwei umfassendsten Nachhaltigkeitsstrategien perfekt abgebildet: die *Sustainable Development Goals* (SDGs), also die Ziele für eine nachhaltige Entwicklung, und die planetaren Grenzen.

### *Der Beginn des »Anthropozän«*

Nach dem Zweiten Weltkrieg warf die Industrialisierung aller Lebensbereiche, basierend auf fossilen Energien, Kohle, Öl und Gas, den Turbo an. Zwischen 1950 und 2010 hat die Weltbevölkerung sich verdreifacht. Das reale Weltbruttoinlandsprodukt wurde versiebenfacht, der Weltsüßwasserverbrauch verdreifacht. Der Weltenergieverbrauch wurde vervierfacht und der Einsatz von Düngemitteln verzehnfacht. Deshalb bezeichnen Erdsystemforscher:innen diese Epoche auch als die Zeit der »Großen Beschleunigung«.

Die Massenmotorisierung, die Fließbandproduktion, die Globalisierung, die Industrialisierung der Landwirtschaft, die massive Steigerung der Energieproduktion aus fossilen Stoffen und der Kernenergie – all diese Motoren des Wirtschaftswachstums wirkten an entscheidenden Stellen mit höherer Wirkung auf die Erdsysteme ein, als es das pure Bevölkerungswachstum ausgelöst hätte. Dreimal so viele Menschen leben noch dazu drei-, vier-, fünfmal so ressourcenintensiv wie die zwei Generationen davor, jedenfalls der Teil der Menschheit in der industrialisierten Welt. Die Hälfte aller Treibhausgasemissionen der Menschheit haben wir zwischen 1990 und 2020 erzeugt. Noch mal langsam zum Nachdenken: Nach den *Grenzen des Wachstums*, nach dem *Brundtland-Bericht*, seit dem Rio-Gipfel in 1992 haben wir so viel Klimaerhitzung geschaffen wie in 140 Jahren Industrialisierung zuvor. Diese Phase der Beschleunigung wird seit einigen Jahren auch das »Anthropozän« genannt. Dieser Begriff bezeichnet die wenigen Jahrzehnte seit dem Zweiten Weltkrieg, in denen der Zugriff des Menschen auf den ganzen Planeten systemverändernd wurde.

Wir haben noch in den 70er-Jahren Umweltwirkungen vor allem regional gesehen. Im Rhein sterben die Fische, dem deutschen Wald geht's schlecht, sogar das Ozonloch konnte noch nach einem vergleichsweise einfachen Ursache-Wirkungs-Prinzip behandelt werden. Das hat sich seitdem geändert. Das Bewusstsein ist gewachsen, dass wir es mit systemischen Krisen des ganzen Planeten zu tun haben, die sich noch dazu gegenseitig beeinflussen und so eine fatale globale Dynamik entfachen. Diese planetaren Krisen brauchen eine planetare Antwort. Und sie sind mit einem Wohlstandsmodell, das vor allem auf dem Verbrennen von Öl basiert, und einer Idee von Wirtschaft, die nur Wachstum, also nur nach vorne und nach oben kennt, definitiv nicht zu lösen.[84]

Das herrschende Modell wirkt aber nicht nur ökologisch fatal, es vergrößert auch noch massiv die soziale Ungerechtigkeit. Es gab durchaus Fortschritte, was die Bekämpfung der Armut angeht, auch bezüglich Bildungschancen und sozialer Sicherheit, wie Hans Roslings Buch *Factfulness* eindrücklich belegt.[85] Aber die Reichen wurden noch reicher, die Ungleichheit auf dem Planeten und die ökologischen Belastungen der Erde explodierten geradezu. Laut Oxfam, einer weltweit tätigen Nothilfe- und Entwicklungsorganisation, besaßen 26 Milliardäre im Jahr 2018 genauso viel wie die arme Hälfte der Menschheit. Also 26 Individuen besitzen so viel wie 3,8 Milliarden Menschen.[86]

Welche Maßstäbe soll man also heute heranziehen, um den Entscheider:innen einen funktionierenden Kompass für die nächsten Dekaden zur Verfügung zu stellen?

Das Wissen zum Justieren des Kompasses ist vorhanden. Im Frühjahr 2022 veröffentlicht der IPCC seinen sechsten Bericht zur Entwicklung der Klimaerhitzung. Der Geist der *Allgemeinen Erklärung der Menschenrechte* und des *Brundtland-Berichtes* wurde in die 17 *Sustainable Development Goals* (SDGs) überführt und ausdifferenziert. Die SDGs wurden parallel zum 1,5-Grad-Ziel des Paris Agreement auf der COP 2015 in Paris als Agenda 2030 der Vereinten Nationen beschlossen. In Ermangelung eines einfacheren Systems und aufgrund der politischen Legitimation der SDGs durch den Beschluss der Vereinten Nationen, auf dieses System von 17 Zielen zu setzen, kommt man an den SDGs derzeit nicht vorbei. Außerdem existiert seit 2010 das Konzept der *Planetary Boundaries*, das Johan Rockström und Will Steffen mit einer hochkarätigen Wissenschaftler:innengruppe am Stockholm Resilience Centre erarbeitet haben. Die Studie trug den wegweisenden Titel *A safe operating space for humanity*, frei übersetzt: »ein sicherer Lebensraum für die Menschheit«.[87]

Kate Raworth' erste Skizze ihrer Donut-Economy, die sie für Oxfam anfertigte, trägt nicht zufällig den Titel »A safe und just space for humanity«, auf Deutsch: »ein sicherer und gerechter Raum für die Menschheit«.[88]

### *Kompass »Donut-Economy«*

Was ist der Donut? Zunächst einmal ein ringförmiges gezuckertes Gebäck, das die Amerikaner:innen lieben. Kate Raworth baute ein Modell aus SDGs und planetaren Grenzen, und es entstand ein Ring, auf dem die Menschheit ganz gut leben könnte. Und weil dieser Ring sie an einen Donut erinnerte, nannte sie das Modell »Donut-Economy«. Ihr Donut vereint beide Welten: Im Inneren ihres Donuts berücksichtigt ihr Wirtschaftsmodell die SDGs, die sozialen, ökologischen und wirtschaftlichen Grundrechte. Wenn Sie so wollen, die individuelle Nachhaltigkeit. Der äußere Deckel des menschlichen Wirkens auf der Erde wird durch die »planetaren Grenzen« gesetzt. Der Donut baut beide elementaren Systeme in ein Bild ein: das System der individuellen Balance eines Lebens in Würde, in dem die grundsätzlichen Bedürfnisse nach Sicherheit, Ernährung und sozialer und politischer Teilhabe gesichert sind, und das System der planetaren Balance, das den Reichtum des Planeten nicht durch unreflektierten Raubbau zerstört. Wenn Sie so wollen, die kollektive, die planetare Nachhaltigkeit.

Mariana Mazzucato ist eine italienisch-amerikanische Ökonomin, die Wirtschaft neu denkt. Sie weist dem Staat eine neue Rolle in der Wirtschaft zu. In Büchern wie *The Entrepreneurial State*, auf Deutsch *Das Kapital des Staates*, fordert sie den Staat auf, Innovationen zu fördern bzw. überhaupt erst große Innovationen vorzufinanzieren. Weil das der Markt, der auf schnellen *return on invest* orientiert ist, nicht tut. Mazzucato will mithilfe des Staates als Unternehmer Missionen erfüllen. Und zwar durchaus komplexe Missionen wie ein funktionierendes Gesundheitssystem, die Abschaffung von Hunger oder einen plastikfreien Ozean. Sie unterscheidet dabei zwischen intelligentem Wachstum, das für Innovationen sorgt, einem nachhaltigen Wachstum, das die ökologischen Aufgaben löst, und einem inklusiven Wachstum, das die Ungleichheit beseitigt.[89]

Hier hat staatliches Handeln eine innovativere Funktion als die, die wir in der Finanzkrise oder der Coronakrise gesehen haben. Es geht um das Erschaffen von Märkten und nicht nur um das Heilen von beschädigten Märkten, um schlicht die Dinge im gewohnten System am Laufen zu halten. Alle Aufgaben innerhalb und außerhalb des Donuts können getrost als Missionen eines modernen Staates betrachtet werden, wo Politik und Staat eine neue und zentrale Rolle haben: nämlich gemeinsam mit der Wirtschaft der Gesamtentwicklung eine Richtung zu geben. Also unser System aus Staat, Wirtschaft und Gesellschaft sehend zu machen für die drei Krisen, die Stiglitz benannt hat: die ökologische Krise, die Verteilungs- und die Demokratiekrise. Göpel, Mazzucato und Raworth denken also in die gleiche Richtung. Und in dieser Richtung liegt auch die Lösung unseres Kompassproblems.

Kommen wir zurück auf den Donut: Nur wenn beide Systeme, innerhalb und außerhalb des Donuts, erfüllt sind, leben die bald zehn Milliarden Menschen in dem schmalen Ring der beiden existenziellen Werteraster, die nachhaltig unser Leben auf diesem Planeten auch für unsere Kinder und Enkelkinder sicherstellen. Auf diesem Ring des Donuts liegt unser aller Glück.

Hier ist der Kompass!

Gute Kommunikation schafft es immer, komplexe Dinge einfach erscheinen zu lassen. Das gelingt dem Donut. Wie schaffen wir es nun, unser Wirtschaftssystem so umzubauen, dass es dem Donut als Kompass folgt? Dazu ist zu sagen, dass auch das *Doughnut Economics Action Lab* (DEAL) bisher kein Werkzeug entwickelt hat, mit dem sich die Donut-Idee auf Unternehmen übertragen ließe. DEAL ist die Umsetzungsorganisation zur Donut-Ökonomie.[90] Bis DEAL so weit ist – was es für die nahe Zukunft versprochen hat –, bleiben nur die bisherigen Werkzeuge.

Und ich muss sagen, die finde ich alle in der jetzigen Ausprägung zu kompliziert. Als ich anfing, über das Wirtschaftsthema für mein Buch nachzudenken, wurde es für mich als Kommunikationsmenschen schwierig. Die 17 SDGs, auch wenn sie in Regenbogenfarben daherkommen, sind mit ihren 169 Unterzielen eine gewaltige kommunikative Aufgabe. Viele große und kleine Consultingunternehmen bieten Nachhaltigkeitsberatung für Unternehmen an. Mit der EU-CSR-Richtlinie, der EU-Taxonomie, den ESG-Kriterien, ISO 26000, ISO 14001 und dem Lieferkettensorgfaltspflichtengesetz wurde ein umfassendes Zertifizierungssystem erschaffen. Bisher unterliegen allerdings nur 600 Unternehmen in Deutschland diesen Berichtspflichten. Die Zigtausende Klein- und Mittelunternehmen, die im nächsten Schritt in diese Nachhaltigkeitsrichtlinien integriert werden sollen, werden viele Millionen Beratungsstunden benötigen, um durch diese Zertifizierungsinstrumente durchzusteigen. Daher geht mein Plädoyer auch hier dahin: Machen wir Nachhaltigkeit einfacher! Und verknüpfen wir Nachhaltigkeitsziele direkt mit der Wirklichkeit von Unternehmen.

Lassen Sie mich kurz eine Geschichte erzählen, mit der ich kürzlich konfrontiert war. Eine Stadt, für die wir arbeiten, wollte ihre Klimastrategie auch in der örtlichen Wirtschaft verankern. Wir organisierten ein Treffen mit IHK und Handwerkskammer. Der zuständige Vertreter der IHK räumte ehrlich ein, dass 80 bis 90 Prozent seiner Mitgliedsunternehmen bisher nichts oder sehr wenig mit dem Klimathema zu tun haben. Der auch eingeladene Vertreter der Handwerkskammer sagte: Wir haben das Thema etwas vernachlässigt, wir müssen da jetzt mal mehr tun. Und die beiden für Nachhaltigkeit zuständigen Vertreter der wichtigsten Unternehmensverbände dieser Stadt hatten noch nie gemeinsam über die Themen Klimaerhitzung oder Nachhaltigkeit und was das eigentlich mit ihren Mitgliedsunternehmen macht, geredet.

Bisher sind diese umfangreichen Verfahren zum Ermitteln eines Nachhaltigkeitsstandes auf die verpflichteten Großunternehmen und einige wenige Überzeugungstäter wie Druckerei Lokay, Frosch, VAUDE etc. beschränkt. Und in all diesen Pionierunternehmen geht der Impuls im Kern von visionären Unternehmer:innen aus, die eine andere Wirtschaft wollen. Es gibt eine nennenswerte Zahl an Unternehmen, die aufgrund der Verpflichtung nach der *EU Corporate Sustainability Reporting Directive* (CSRD) eine Wesentlichkeitsanalyse durchgeführt und deshalb Teile ihrer Geschäftspraxis geändert haben.

Die Personalberatung Russell Reynolds Associates kommt dennoch in einer globalen Befragung zu einem wenig schmeichelhaften Ergebnis für Deutschland.

»Lediglich jede vierte befragte Führungskraft in Deutschland (global 43 Prozent) sagt, dass ihr Unternehmen über eine Nachhaltigkeitsstrategie verfüge, die klar kommuniziert und umgesetzt wird. Und weniger als jede*r Dritte (31 Prozent, global 51 Prozent) ist der Meinung, dass sich ihr CEO persönlich für die Förderung der Nachhaltigkeit einsetze. Mitarbeiter*innen ohne Führungsverantwortung sind noch skeptischer: Nur 15 Prozent bescheinigen ihrem CEO ein besonderes Engagement für Nachhaltigkeit.«[91]

Ich weiß, dass viele sehr engagierte Menschen auf der Grundlage der EU-CSR-Direktive der ESG-Kriterien oder entlang der SDGs mit Unternehmen arbeiten und dabei große Erfolge erzielen, gerade im Beschaffungswesen und im genauen Analysieren der Lieferketten. All diese Teilerfolge bringen uns allerdings nicht in eine andere Form des Wirtschaftens. Und meine These ist, dass wir das mit den bisher zur Verfügung stehenden Mitteln auch nicht schaffen werden.

Wir brauchen einen »Systemwandel«, der grundlegend andere Kriterien für Erfolg oder Misserfolg eines Unternehmens anlegt. Eine Regierung, die mit Steuern steuert. Die ökologischen Raubbau und soziale Ausbeutung sanktioniert und gute Arbeit und nachhaltiges Wirtschaften belohnt. Eine Wirtschaft, die die »wahren Kosten« abbildet und zur Grundlage eines neu definierten Marktes macht.

### *Und was jetzt?* Sustainable Identity

Oft sind Unternehmertypen ja gerade nicht die am Detail Interessierten. Es geht ihnen um die Realisierung einer Idee. Deshalb und auch weil in schwierigen Zeiten eben doch das ganz alltägliche Geschäft die Oberhand über strategische Überlegungen gewinnt, denke ich, es geht weniger um Detailtiefe, sondern mehr um Haltung. Mehr: Warum? als: Wie? oder: Was?

Solange Zertifizierungsprozesse in die Nachhaltigkeitsabteilungen delegiert werden und die Führung des Unternehmens die Idee einer gerechten und nachhaltigen Wirtschaft nicht lebt, fehlt die nachhaltige Identität. Es braucht eine andere Haltung zum unternehmerischen Tun als Ganzes. Es braucht auch einen Kompass für einzelne Unternehmen. Um im Innersten der Unternehmen anzudocken, bei der Vision und Mission eines Unternehmens, brauchen alle Unternehmen eine *Sustainable Identity* und ein *Sustainable Design*, ein SD/SI statt eines CD/CI.

Katharina Reuter, die Geschäftsführerin des Bundesverbandes Nachhaltige Wirtschaft (BNW), stimmt mir bei meiner Analyse in den wesentlichen Punkten zu. »Was treibt uns an?«, so formuliert sie die zentrale Frage an Unternehmen. Der BNW exisitiert seit 30 Jahren und vereint mehr als 450 Unternehmen, die sich alle einer nachhaltigen Wirtschaftsweise verschrieben haben. Katharina Reuter ist also nah an der unternehmerischen Praxis. Und es geht ihr auch um das Warum. »Ein gutes Leben für alle, für Mitarbeiter:innen, für die Menschen entlang der Lieferketten, für Klima und Natur« wäre für sie ein denkbares Dach einer neuen Ökonomie. »Wir sollten Wohlstand kollektiver definieren«, sagt sie. Wirtschaft sei dann nicht mehr zur Mehrung des individuellen Reichtums da, sondern übernehme Verantwortung für das Ganze, orientiere sich am Wohl aller. Die SDGs hält sie auch für zu komplex im Unternehmensalltag. »Die sind ein gutes Instrument, um der Politik auf die Finger zu klopfen«, sagt sie, »schließlich haben sie bei der COP in Paris alle dafür gestimmt.« Aber wie sieht eine neue Wirtschaft aus, was treibt sie an, wenn nicht der egoistische Beweggrund, Gewinn zu machen und individuell reich zu werden? Katharina Reuter geht es um sinnstiftende Arbeitsplätze, um Produkte, die einen Wert für die Gemeinschaft bringen, die nach dem Prinzip *cradle to cradle* recycelbar sind. Es geht um Schwarmintelligenz, um ein kontinuierliches Verbesserungsprinzip. Es geht auch um Werte, was der Unternehmensverband mit dem Hashtag #wertschaften deutlich macht, der auch der Titel des BNW-Magazins ist. Es geht darum, eine Wirtschaft zu etablieren, die die planetaren Grenzen und die nächste Generation im Blick hat, die sich politisch einmischt, so wie Patagonia, VAUDE, Michael Otto oder Joe Kaeser von Siemens das gemacht haben.

Eine Wirtschaft, wie Katharina Reuter sie sich vorstellt, ist diverser, weiblicher, einfach ungewöhnlicher.

Und damit die Anreize richtig gesetzt werden, brauchen wir nach ihrer Überzeugung ein Steuersystem, das Arbeit weniger besteuert und Naturverbrauch mehr. Wir brauchen einen anderen Erfolgsmesser als Gewinn oder Shareholder-Value. »Wir brauchen ›True costs‹, wahre Kosten«, sagt Katharina Reuter. Was uns bisher nicht gelinge, sei Relevanz für das Thema Nachhaltigkeit bei Unternehmen zu schaffen. »Und diese Relevanz schafft nicht der Markt. Hier brauchen wir Pionierunternehmen, wie im BNW.«[92]

Und wir brauchen eine Politik, die andere Rahmenbedingungen setzt, die andere Bewertungen im Jahreswirtschaftsbericht hervorhebt als nur das Wachstum des BIP. Wir brauchen eine Politik, die die Wirtschaft so lenkt, dass die Schere zwischen Arm und Reich sich wieder schließt und der Earth Overshoot Day – der Erdüberlastungstag – wieder Richtung Weihnachten wandert. Im Jahr 2022 hatten wir Deutschen am 4. Mai alle uns zustehenden Ressourcen für das laufende Jahr verbraucht. Auch hier sollten wir über die Wortwahl nachdenken. Eigentlich müsste der Earth Overshoot Day »Nach mir die Sintflut«-Tag oder »Meine Kinder sind mir egal«-Tag heißen.

### *Donut-Ökonomie für Anfänger*

Für all diese Zutaten zu einer neuen Wirtschaft liefert der Donut Anhaltspunkte.

Welche Erwartung formuliert die Donut-Ökonomie etwa an Unternehmen?

Die Donut-Ökonomie fragt: »Wie viele Vorteile können wir durch dieses Unternehmen erzielen?« Bei der Frage geht es um den Zweck, den das Unternehmen verfolgt: Kann es Werte schaffen, die der Gemeinschaft und der Umwelt nützen? Die Donut-Ökonomie argumentiert, dass Unternehmen größtenteils auf maximalen Profit ausgerichtet sind. Den Nutzen erzielen dann oft nur einige wenige.

Die herkömmliche Ökonomie fragt: »Welche finanziellen Werte können wir aus dem Unternehmen herausziehen?« Wie können wir Umsatz,

Gewinn, Shareholder-Value steigern? Und Schluss. Mehr fragt die herkömmliche Ökonomie nicht.

Die Donut-Ökonomie ersetzt auch den *Homo oeconomicus*. Raworth ist die schlichte Nutzenorientierung des Menschen zu eindimensional. Sie geht von fünf Grundeigenschaften aus, die uns Menschen ausmachen. Hier das neue Porträt des Menschen nach dem Donut:

- Erstens: Wir sind nicht beschränkt auf Eigennutz, sondern sozial orientiert und auf Austausch mit anderen bedacht.
- Zweitens: Wir haben keine festgefügten Präferenzen, sondern veränderliche Wertvorstellungen.
- Drittens: Wir sind nicht isoliert, sondern voneinander abhängig.
- Viertens: Wir berechnen und kalkulieren nicht ständig, sondern bemühen uns um Annäherungswerte.
- Fünftens: Wir sind nicht die Herren über die Natur, sondern vielmehr eingebettet in das Netz des Lebens.[93]

Kate Raworth hat außerdem fünf Grundsätze formuliert, wie Unternehmen ihre nachhaltige Orientierung mit Fragen prüfen können. Sie hat eine relativ einfach abzuarbeitende Checkliste für Unternehmen erstellt, nach der nachhaltige Unternehmen handeln sollten:

1. Vision/Unternehmenszweck: Verfolgt das Unternehmen einen Zweck, der über das Unternehmen selbst hinausweist? Oder um es umgekehrt zu Friedman zu formulieren: Is there other business than business? – Gibt es ein anderes Geschäft als das Geschäft?
2. Netzwerke: Wie positioniert sich das Unternehmen gegenüber Kund:innen, Partnern, Zulieferern etc.?
3. Führung: Bestimmt der CEO alles, und der Rest muss folgen, oder herrscht eine offene, kooperative Atmosphäre im Unternehmen?
4. Besitz: Wem gehört das Unternehmen? Einem Gründer? Aktionären? Den Mitarbeiter:innen?
5. Finanzen: Wer finanziert das Unternehmen? Fordern diese Geldgeber hohe Renditen, oder sind sie auch am übergeordneten Unternehmenszweck orientiert?[94]

Wie eingangs gesagt: Ich habe hier keine fertige Idee formuliert. Es ist auch nicht das Ziel dieses Buches, ein neues Wirtschaftsmodell zu erfinden. Dennoch spürte ich beim Schreiben, dass es ohne die Idee einer anderen Wirtschaft auch nicht geht. Der Wandel unseres Wirtschaftsmodells ist Bestandteil der Verhältnisänderung, die wiederum Voraussetzung für die Verhaltensänderung zur Nachhaltigkeit ist. Natürlich geht es bei jedem einzelnen Unternehmen, das in Nachhaltigkeitsprozessen sein Geschäftsmodell auf den Prüfstand stellt, um viel. Und jede einzelne Veränderung hilft. Aber insgesamt steckt mir in der Einzeloptimierung von Unternehmen noch zu viel Fußabdruck und zu wenig Handabdruck. Und ein System Change, ein Systemwechsel, würde natürlich die Neuausrichtung aller Unternehmen einfacher machen, unterstützen, pushen, mit Status und Image belegen.

Deshalb bin ich sehr gespannt auf die Unternehmensanwendung des Donut. Einfach wird das im Prozess sicher nicht. Aber kommunikativ taugt der Donut als Zielbild besser als der Text einer EU-Richtlinie oder eine komplexe Matrix.

KAPITEL 6

# Und was jetzt?

## Die neue Klimasprache

»Wir müssen den Menschen sagen, was wir ihnen geben, nicht nur, was wir ihnen wegnehmen.«
**Ein Verwaltungsmitarbeiter der Stadt Bonn in einem Workshop zu »Bönn'sche Viertel – Straßen für Menschen«**

**Reden wir über neue Rahmen. Reden wir über Städte für Menschen, über »Klimawerker:innen« und Gemeinwohlstand.** Worte können die Welt verändern. Deshalb schauen wir uns in diesem Kapitel die Sprache, die wir im Klimathema benutzen, genauer an. Welche Worte benutzen wir statt der irreführenden Frames »Klimaschutz« und »erneuerbare Energien«, wie reden wir zukünftig über Mobilität, Landwirtschaft und Ökonomie? Welche Werte, Emotionen transportieren wir mit neuen Begriffen? Sprache ist eine kollektive Entscheidung. Deshalb kann ich als Einzelner hier keine neue Sprache definieren. Ich will lediglich sensibilisieren für die vielen Optionen, die existieren, die Dinge anders zu benennen, ganze Themen und Branchen mit ganz neuem Inhalt zu füllen, wenn wir die Beschreibung ändern. Das ist kein abschließender Vorschlag. Es ist eine Einladung zum Neudenken und Neureden.

Maren Urner sagte im Interview mit den Tagesthemen am 10. Mai 2022, das menschliche Gehirn brauche ein »Wofür?«, um sich zu verändern, und ein »Was ist jetzt zu tun?«. Beide Fragen beantwortet gute Kommunikation. Über das »Wofür?« habe ich im Kapitel 5 »*Desirable Futures*« ausführlich geschrieben. In diesem Kapitel kommen wir zu der wichtigen Frage: Und was jetzt? Nach den klassischen Fragen des Journalismus, nach dem »Wer?«, dem »Wann?«, dem »Was?« und dem »Wo?«, sollte in unserem Bemühen, die Realität zu erkunden, eben nicht Schluss sein. Verlassen wir den Journalismus und betrachten alle Bereiche, in denen über unsere Gesellschaft, unsere Politik, unsere Vergangenheit, Gegenwart und Zukunft, über unser aller Leben diskutiert und gehandelt wird. Dann stellt sich hier immer wieder die Frage: Wofür? Wofür tun wir dies oder lassen jenes? Und wenn wir uns für eine Idee, für eine wünschenswerte Zukunft entschieden haben, sollten wir die Frage anschließen: Und was müssen wir jetzt tun, damit wir dorthin gelangen?

Die Frage »Wofür« habe ich versucht in den letzten beiden Kapiteln zu beantworten. Für eine Mobilität, die den Menschen ins Zentrum stellt, für eine verantwortungsvolle regionale Landwirtschaft, für eine Energie- und Wärmeversorgung, die sich aus der Natur speist, und für eine Wirtschaft, die gibt und nicht immer weiterwächst und nimmt.

In den folgenden Kapiteln geht es um die Frage: Was können wir mit Kommunikation tun, um diese wünschenswerten Zukünfte zu erreichen?[95]

### *Die Zukunft braucht einen Rahmen*

Zuerst schauen wir uns dazu noch mal im Detail die Wortwahl zu den besprochenen Themen an. Welche Frames, welche Rahmen wollen wir ansprechen, wenn wir über Klima, Energie, Landwirtschaft, Mobilität und Wirtschaft sprechen? Frames sind die Assoziationsräume, die bestimmte Begriffe bei uns im Gehirn aufrufen. Ich habe die Bedeutung von Frames schon im vierten Kapitel erläutert. Hier versuche ich neue Frames zu kreieren. Probieren Sie es mit zwei Frames für Mobilität, und Sie verstehen, was ich meine. Der eine lautet »Mit smarter Mobilität in die Stadt der Zukunft«. Der zweite »Für eine Stadt für Menschen«. Spüren Sie mal nach, was diese unterschiedlichen Rahmen für Bilder in Ihrem Kopf erschaffen. Der erste ruft Technik auf, E-Zapfsäulen, autonome Shuttles, die Menschen lautlos in der Stadt herumfahren. Der zweite ruft spielende Kinder, Bänke oder andere Sitzmöbel im öffentlichen Raum auf. Fahrzeuge sind in den Hintergrund getreten. Wir sehen Fahrräder, Cargo-Bikes, Grünflächen, Bäume, Außengastronomie, flanierende Menschen und wenige langsam fahrende Vehikel, die sich vorsichtig durch die Menschenmenge tasten.

Um diese unterschiedlichen Rahmen geht es mir in diesem Kapitel. Ich werde manche Gedanken aus den vorherigen Kapiteln wiederholen.

Aber das Ziel hier ist es, neue Frames zu definieren, die wir in der Zukunft anstelle der bisherigen Begriffe verwenden.

***Reframing Klimaschutz***

Klimaschutz Definition Duden

- Klimaschutz, der
- Substantiv, maskulin
- Gesamtheit der Maßnahmen zur Vermeidung unerwünschter Klimaänderungen

Klimaschutz ist ein mehrfach irreführender Frame. Das Klima braucht keinen Schutz. Vielmehr brauchen die Systeme Schutz, innerhalb derer Leben, wie wir es kennen, auf dem dritten Planeten in unserem Sonnensystem entstanden ist. Und der Mensch ist Bestandteil dieser Systeme, Teil der Gesamtheit dieser Welt, in der wir leben. Deshalb ist auch der Begriff »Umwelt« irreführend. Er suggeriert, vor allem in der neuerlichen Kombination mit -schutz, als »Umweltschutz«, dass etwas um uns herum zu schützen wäre, der Mensch aber weder mit dem System Klima noch mit dem System Welt etwas zu tun hätte. Der Mensch steht jedenfalls außerhalb und eilt jetzt wahlweise dem Klima oder der Umwelt zu Hilfe.

Bleiben wir beim Klima. Die versammelte Wissenschafts-Community, die aktuell den 6. IPCC-Bericht veröffentlicht hat, hat ermittelt, dass ein Wert von 350 ppm $CO_2$ in der Atmosphäre ein stabiles Klima erhalten würde – ein Klima also, wie es in den letzten 10.000 Jahren herrschte, dem »Holozän« genannten Zeitalter. Wir haben im letzten Jahr 419 ppm erreicht – und aktuell bereits 1,2 Grad Temperaturerhöhung im Mittel. Schon diese Erhöhung bedroht das Leben auf unserem Planeten auf vielfältige Weise und, wie wir immer mehr in allen Teilen der Welt spüren, auch das des Menschen.

Unsere Wortwahl drückt diese umfassende Bedrohung nicht im Entferntesten aus. Wir nehmen diese Bedrohung auch nur sehr punktuell wahr, wie letzten Sommer mit der Flutkatastrophe im Ahrtal.

Die Literaturwissenschaftlerin Eva Horn nannte daher im Interview mit dem Deutschlandfunk die Klimaerhitzung oder das Artensterben »Katastrophen ohne Ereignis«.

Gleichzeitig beschreibt sie den Schauder der Angst, der sie erfasst, wenn sie sich die systemischen Folgen der großen industriellen Beschleunigung nach dem Zweiten Weltkrieg bewusst macht. Die bestimmende Wirkung auf das Gesamtsystem des Planeten durch den Menschen hat den Begriff des »Anthropozäns« geprägt. Der Mensch wird zu einer geologischen Kraft. Die Stabilität des Erdsystems gerät durch menschliches Handeln derart aus dem Ruder, dass die Folgen multiple eskalierende Krisen des Lebens auf der Erde auslösen.[96]

Um diese Bedrohung zu framen und damit eine gewisse Alarmstimmung auszulösen, spreche ich nur noch über die »Klimaerhitzung«. Eine bevorstehende »Heißzeit« würde die Menschheit auch alarmieren. Ein »Klima außer Kontrolle« würde die verlorene Steuerbarkeit der Erhitzung dokumentieren. »Klimakrise« ist mir angesichts der fundamentalen Bedrohung zu schwach, weil Krisen vorübergehender Natur sind. Wenn wir die Bedrohung deutlich gemacht haben, sollten wir auch klarmachen, was es zu schützen gilt. Deshalb mein Titel »Klimaschutz ist Menschenschutz«. Den Schutz vor dem kompletten Systemversagen des Planeten Erde, wie wir ihn kennen, würden Begriffe wie »Erdschutz«, »Planetenschutz« oder »Weltschutz« noch treffender ausdrücken.

Auch »Lebensschutz« wäre ein adäquater Begriff. Vielleicht sollten wir ihn den militanten Abtreibungsgegner:innen wegnehmen. Weil er am besten beschreibt, was bedroht ist: das Leben auf der Erde, wie wir es kennen.

Darüber hinaus sollten wir eine weitere Zieldimension in unser Handeln bringen, zusätzlich zum Schutz von Welt, Erde, Leben oder Mensch. Wohin zielt unser Handeln zum Bewältigen der vielfachen ökologischen Eskalation? Zunächst einmal auf eine kühlere Erde. Deshalb sind Begriffe wir »Kühle Erde«, »Cool Climate« oder »gemäßigtes Klima« ein Pfad. Wenn wir aber das größere Bild der aus der Balance geratenen Erde in den Blick nehmen, geht es genau darum: »Klimabalance«, »Klimagleichgewicht«, »Back to balance«, »stabiles Klima« oder eben auch hier sogar »Erdbalance«, »Weltbalance«, »Welt im Gleichgewicht«.

Und wer muss handeln? Bisher haben wir uns um die Antwort auf diese Frage noch herumgedrückt. Die Antwort liegt auf der Hand: Wir! Jetzt, hier und heute! Wir haben mit unserem internationalen Netzwerk von nachhaltigen Agenturen »Do Not Smile (DNS)« zur COP in Paris eine Kampagne gestartet mit dem Claim »We are the climate generation«, wir sind die Klimageneration (siehe nächste Seite). Diese Kampagne will sagen: Wir sind die (letzte) Generation, die die Klimakatastrophe noch aufhalten kann. Wir müssen es richten, was wir Menschen in den letzten 150 Jahren und im Besonderen in den letzten 70 Jahren falsch gemacht haben. Wir sind die »Generation Klima«.

### *Reframing erneuerbare Energien*

Das Begriffspaar »erneuerbare Energien« existiert im Duden nicht. Daher hier die Definition von Wikipedia:

> Als *erneuerbare Energien* (EE) oder *regenerative Energien* werden Energiequellen bezeichnet, die im menschlichen Zeithorizont für nachhaltige Energieversorgung praktisch unerschöpflich zur Verfügung stehen oder sich verhältnismäßig schnell erneuern. Damit grenzen sie sich von fossilen Energiequellen ab, die endlich sind oder sich erst über den Zeitraum von Millionen Jahren regenerieren.[97]

Wie bereits in Kapitel 1 beschrieben, unterstellt der Begriff »erneuerbare Energien« eine Anstrengung. Das, was wir mit »erneuerbare Energien« bezeichnen, wäre korrekt mit »sich selbst erneuernde Energien« beschrieben. »Erneuerbar« macht ein unnötiges Fragezeichen hinter diese Energien. Man kann sie erneuern, muss man aber nicht. Und wenn man das tut, muss man etwas dafür tun. Es ist ein seltsam relativierender Begriff, so wie »machbar«, »vorstellbar« oder »denkbar«. Dabei gibt es gerade bei diesen Energien überhaupt nichts zu relativieren. Es handelt sich hierbei um die »Naturenergien«, gespeist aus Wind, Sonne, Erde, Wasser. Deshalb könnte man sie auch »Elementarenergien« nennen, weil sie aus den Elementen stammen. Sie sind immer da, permanent, überall. Deshalb sind auch, wie Wirtschaftsminister Robert Habeck das kürzlich formuliert hat,

#WeAreTheClimateGeneration
Die Konsequenzen der Erderwärmung sind deutlich sichtbar. Ressourcen sparen und Klimaschutz sind uns sehr wichtig, damit wir mit Kindern und Enkeln in einem gesunden Klima leben können.
Stephan, Rolf & Lilly • Bonn • Deutschland
WIR SIND DIE GENERATION,
© MIRENE SCHMITZ PHOTOGRAPHY

Kampagne »#WeAreTheClimateGeneration« unseres internationalen Agenturnetzwerkes »Do not smile« für die COP 2014 in Lima

Begriffe wie »Eh da«-, »Immer da«- oder »Überall«-Energien treffend. Ein Frame, der diese natürlich vorkommenden Energien mit unserem Planeten in Verbindung bringt, macht gleichzeitig den Systemcharakter dieser Energien deutlich. »Welt-«, »Erd-« oder »Globalenergie« bringt ihre universelle Präsenz zum Ausdruck. Sie werden nach menschlichem Ermessen auch nie knapp. Sie sind »Dauer-« oder »Permanentenergien« und deshalb auch »unerschöpfliche Energien«.

Hinzu kommt – und das hat eine sehr aktuelle geopolitische Dimension –: Diese Energien gehören niemandem. Kein autokratischer Staat kann uns mit irgendwelchen Windpipelines oder Sonnentankern erpressen. Und noch besser: Ärmere Staaten, die über kein Öl verfügen, müssen keine Milliarden mehr für fossile Energieimporte ausgeben. Diese Energie gibt es im brasilianischen Amazonas genauso wie im Sahel oder eben in Kanada, Indien und Australien. Weshalb der neue Begriff »Freiheitsenergie« durchaus auch noch mit »Friedensenergien« oder »gerechte Energien« ergänzt werden kann. Was diese Energien aber vor allem auch auszeichnet: Sie machen keinen Dreck, weder auf der Erde noch in der Atmosphäre. Es sind also »saubere Energien«, »postfossile Energien«, »müllfreie«, »kühle/coole Energien«.

All diese positiven Konnotationen können je nach Framing aufgerufen werden. Der Ersatz für das sperrige Wort »renewable energy« ist im Englischen leicht zu finden. Mit »renewing energy« ist alles gesagt. Im Deutschen macht uns das reflexive Verb »sich erneuern« das Reframing schwer. Als Ersatz für die sperrigen »erneuerbaren Energien« kommen wahlweise das ebenfalls sperrige »sich erneuernde Energien« oder einfach »erneuernde Energien« infrage oder der überall auf der Welt verständliche Begriff der »Naturenergien«. Dieser kann allerdings auch auf fossile Energien angewandt werden, was beim englischen Begriff »natural gas« für Erdgas schon der Fall ist.

### *Reframing Mobilität*

Zur Mobilität steht Folgendes im Duden:

- Mobilität, die
- Mobilität hat drei Bedeutungen:

1. geistige Beweglichkeit
2. Beweglichkeit in Bezug auf Beruf, soziale Stellung, Wohnsitz
3. privater und öffentlicher Verkehr: Fortbewegung von Personen oder Beförderung von Gütern (auf eine bestimmte Weise)

Welche Worte benutzen wir in der Mobilität? Kraftfahrzeug, Kraftstoff, Automobil, Verkehrsleistung. Das Auto fährt von alleine, wie der Name schon sagt, und es ist ein Kraftfahrzeug. »Parkplatz« wird der Ruheplatz des Autos genannt, obwohl diese Plätze mit einem Park wenig gemein haben. Eine Hauptstraße wird oft als »Lebensader der Stadt« bezeichnet, vor allem dann, wenn dem Autoverkehr dort eine Spur zugunsten des Radverkehrs weggenommen werden soll. Urban ist eine Stadt, wenn mehrspurige Straßen voll mit Autos gequetscht sind und die Notdienste dazwischen mit Sirene durchrasen. Wenn man mehr Platz für Fußgänger:innen und Radfahrer:innen will, dann ist man wahlweise der Totengräber des lokalen Einzelhandels oder ein romantischer Spinner, der sich nach Bullerbü sehnt.

Um einen anderen Frame von Mobilität zu entwickeln, kommt man an dem dänischen Stadtplaner und Architekten Jan Gehl kaum vorbei. Seine Bücher mit Titeln wie *Life Between Buildings*, *Leben zwischen Häusern*, oder *Cities for People*, *Städte für Menschen*, sind Ikonen der modernen Stadtgestaltung. Es geht hier wie überall darum, das massenhafte menschliche Bedürfnis – und oft auch eine Notwendigkeit –, nämlich das nach Ortsveränderung und Reise, so zu befriedigen, dass für die anderen Menschen und für die Natur möglichst wenig Schaden entsteht. Im Gegenteil, am besten schafft man Mobilität so, dass sie gesund ist und Spaß macht.

Und das geht am besten mit schönen, begrünten Wegen durch die Stadt, mit einem guten Netz aus Fahrradwegen, mit einem öffentlichen Verkehr, den man in einem guten Takt quasi überall findet, mit weniger Autos. Der Begriff »autofrei« oder »autoarm« ruft allerdings immer das Bild von einem Auto auf. Und diese Bezeichnung wirkt defizitär, man nimmt etwas weg. Deshalb habe ich in der Aufzählung gerade die Autos erst am Ende erwähnt. Aber was fügt man hinzu?

Es geht um »Städte und Dörfer für Menschen«, um »Mobilität für Menschen«. Der »Lebensraum Stadt« wird neu definiert. Viele wollen »lebendige Straßen und Städte«, in denen sich Menschen sicher bewegen können, auch wenn sie noch Kinder oder schon alt sind. Niemand soll verletzt oder getötet werden in dieser Mobilität. Der Begriff, der das bezeichnet, ist die »Vision Zero«. Man könnte auch auf Worte wie »sanfte Mobilität« kommen.

Und Mobilität soll ohne fossile Brennstoffe, also ohne »Kraftstoff«, auskommen. Eine »postfossile Mobilität« oder »dekarbonisierte Mobilität« – allerdings verneinen diese Begriffe erneut, und es sind Fremdwörter, die nicht alle verstehen. Die Folge sind »saubere Luft«, »leise Städte«, Mobilität, die das Klima stabil hält.

Die Vehikel, die dennoch fahren, werden mit Strom aus »Naturenergie« betrieben. Und nicht jeder oder jede braucht ein eigenes. Autos können geteilt werden, Fahrräder auch. Deshalb kann auch von einer »Shared Mobility« gesprochen werden, einer »geteilten Mobilität«. Was dann wegfällt, ist der Statustransfer vom Auto auf den Besitzer oder die Besitzerin. Hier verschieben sich aber auch grade Statusbegriffe. Ein Rennrad, ein Cargobike gelten in vielen Milieus, und nicht nur in den ökologischen, als zeitgemäßes Statement. Und Netzkarten für den öffentlichen Verkehr entwickeln immer mehr Statusgehalt. Einfach weil beides immer öfter als die klügere Wahl anerkannt wird. Porsche ist aus dem letzten Jahrhundert, Carbonbike ist Zukunftsmobilität. Alle Mobilitätsangebote sind digital sichtbar und buchbar. Das ganze Angebot gibt es auf einer App, weshalb das Komplettpaket auch »Mobility as a Service (MaaS)« genannt wird, Mobilität als Rundumservice.

Und weil alle Vehikel voll recycelt werden können und die Antriebe auch keine Schäden mehr anrichten, kann man diese Mobilität auch »Circular Mobility«, »Kreislaufmobilität«, nennen.

### *Reframing Landwirtschaft*

Definition nach Wikipedia:

> Als Landwirtschaft (abgekürzt: LWS), auch Agrikultur oder Agrarwesen, wird ein Wirtschaftsbereich der Urproduktion bezeichnet. Das Ziel der

Urproduktion ist die Herstellung pflanzlicher oder tierischer Erzeugnisse auf einer zu diesem Zweck bewirtschafteten Fläche. In der Wissenschaft sowie der fachlichen Praxis ist heute synonym der Begriff *Agrarwirtschaft* gebräuchlich; historisch wurde sie allerdings *Ökonomie* genannt.[98]

Landwirtschaft wird seit dem Zweiten Weltkrieg zunehmend mit der industriellen Landwirtschaft gleichgesetzt. Da der Mensch seit Jahrtausenden den Boden beackert, um darauf Nahrung zu erzeugen, wird die Landwirtschaft auch »Urproduktion« genannt und später dann »primärer Sektor« einer Wirtschaft.

Die Andernacher nennen ihre Stadt »Lebensmittelpunkt«. Das ist die Blaupause für ein Reframing der Landwirtschaft, wie wir sie bisher kennen. Daher mein Vorschlag: Wir nennen Landwirtschaft jetzt »Lebenswirtschaft«. Die Berufsbezeichnung wird in »Lebenswirt« umbenannt. Das klingt ungewohnt und ein bisschen esoterisch? Als das österreichische Umweltministerium sich in »Lebensministerium« umbenannt hat, gewöhnte man sich auch schnell daran. Das Image des Bauern würde durch die Umbenennung aufgewertet. Und Bauern produzieren nun einmal »Lebensmittel«. Sie sind für das Leben zuständig, im Boden und über dem Boden, was gibt es Größeres?

Alternativ kommen »Kreislandwirtschaft«, oder »Naturlandwirtschaft« infrage. Alle Bauern, die sich verpflichten, den Humusanteil in ihren Böden innerhalb von fünf Jahren um 0,5 Prozent zu erhöhen (ökologisch oder konventionell bewirtschaftet), und einem Humusanteil von mindestens drei Prozent erreichen, dürfen den Titel »Klimabauern« tragen. Ihre Böden dürfen dann das »Klimaland«-Siegel tragen. So kann ein Programm des Bundes genannt werden, das die Humusanreicherung im Boden und damit deren Kohlenstoffbindung fördert. Diese Böden werden »Klimaland« genannt. Und weil Carbon Capture and Storage (CCS) bisher sehr technisch definiert ist, braucht es auch hier eine Variation: Carbon Capture Ground, mit der Abkürzung CCG, oder Carbon Capture Soil, mit der Abkürzung CCSoil. Die angebauten Pflanzen werden systematisch entsprechend der »Planetary Health Diet« neu ausgewählt. Die Fruchtfolge ändert sich grundlegend. Betriebe, die Tiere zur Weidewirtschaft auf Grasland halten, tragen das bisher fragwürdige »Tierwohl«-Siegel mit Berechtigung und Stolz. Die Düngemittelverordnung beschränkt den Einsatz von Stickstoff und Phosphordünger auf ein Minimum. Pestizide, die die Hauptverantwortlichen für die Vernichtung der Biodiversität sind, werden gesetzlich verboten. Über Erzeugermärkte bekommen die »Lebenswirte« ein Gesicht. Man kennt »seinen« Bauern wieder von Angesicht. Die Märkte heißen »Lebensmarkt«, »Bauernmarkt« oder »Lokalmarkt«. Genossenschaften nach dem Vorbild der »Solidarischen Landwirtschaft« werden steuerlich gefördert sowohl für die Bauern als auch für die Abnehmer in den nahe gelegenen Städten und Gemeinden. Ein Begriff dafür könnte »Klimaland-Genossenschaft« sein. Die entsprechende Regelung im Steuerrecht hieße »Lebensmittelfreibetrag«.

### *Reframing Heizung/Wärme*

Dafür gibt es gar keine Begriffe. »Hauswärme«, »Nahwärme« – Fehlanzeige. Diese Worte kennt der Duden nicht. Die Definitionen von Fernwärme und Heizung sind trivial. Also bringen sie uns hier nicht weiter.

Mein Nachbar in Bonn heißt Arne Jenssen und ist Däne. Er ist sehr überrascht, dass in Deutschland jedes Haus seine eigene Heizung im Keller hat. Wie bereits in Kapitel 5 erwähnt, bekommen in Dänemark zwei Drittel, in Kopenhagen fast alle Haushalte ihre Wärme über Heißwasserleitungen ins Haus. Das klappt deshalb so gut, weil in Dänemark überall lokale Wärmenetze gebaut wurden. So wird viel effizienter für ein ganzes Viertel oder für eine Straße zentral, aber doch in einem Kleinwärmekraftwerk Heizenergie erzeugt und dann in einem Nahwärmenetz ohne große Verluste verteilt. In Deutschland kennt man den Begriff »Nahwärme« bisher kaum. Hier gibt es, wenn überhaupt, Fernwärme. Diese stammt oft aus der Abwärme von Kraftwerken der großen Energieversorger oder aus großen Müllverbrennungs- oder Industrieanlagen. Insofern ist der Ursprung der Energie oft eben auch nicht wirklich nachhaltig. Aber es ist natürlich immer noch sinnvoller, mit dieser Abwärme Häuser zu heizen, als sie einfach in die Atmosphäre zu entlassen. Nach gängigen Begriffen wie »Gasbrennwerttherme«, »Gasetagenheizung«, »Ölheizung« und »Nachtspeicherofen« sollten wir nun ein anderes Vokabular einüben.

Nahwärme ist das Gebot der Zeit. In sogenannten kommunalen Nahwärmenetzen kann Heizenergie über große Wärmepumpen aus Naturenergie gewonnen werden. Mit Geothermie, Solarthermie, Fluss- und Luftwärme, ergänzt, wo es passt, durch Biogas oder Holzpellets, wird Wärme für ein ganzes Stadtviertel erzeugt. Über einen knappen Meter tief verlegte Heißwasserleitungen fließt die Wärme bis zu einer sogenannten Übergabestation im Haus. Dort wird die Wärme über einen »Wärmetauscher« an das Hausnetz übergeben. In Dänemark organisieren Genossenschaften ihre eigenen Wärmenetze, in Deutschland kommen eher die Stadtwerke als Betreiber infrage. Sie können aber mit Bürgergenossenschaften zusammenarbeiten.

Das wäre in der Tat eine »Wärmewende«. Mit Quartiers-, Kiez- oder Viertelkraftwerken können lokale »Nahwärmenetze« aufgebaut werden. Die neuen Begriffe für unsere Hausheizung wären also »Nahwärme«, »Lokalwärme«, »Stadtwärme« oder »Quartiersheizung«.

Diese Wärme ist »Freiheitswärme«, weil keine fossilen Energieträger mehr über viele Tausend Kilometer aus autokratischen Staaten herangeschafft werden müssen, um damit Feuer in unseren Kellern zu entzünden. Sie ist »Sicherheitswärme«, weil die Natur keine Gas- oder Ölhähne zudreht und auch nicht explodieren kann.

Die zweitbeste Alternative sind einzelne Wärmepumpen, die jeweils für Einzelhäuser die Wärme aus lokal vorhandenen Energien gewinnen. Für all diese neu zu bauende Wärmeinfrastruktur brauchen wir viele Zehntausende neue Handwerker:innen. Weil sie eine unverzichtbare Rolle im Klimaumbau einnehmen, hat dieses Handwerk wirklich »goldenen Boden«. Einen Prototyp dieses neuen Handwerkers habe ich kürzlich getroffen.

Ich steige in Iserlohn-Letmathe aus dem Nahverkehrszug. Neben mir, auch Orientierung suchend, ein Typ wie ein Killer-Cop. Kurz geschorenes Haupthaar, Fünftagestoppeln im Gesicht, eine verspiegelte Sonnenbrille, die die Hälfte des Gesichtes abdeckt, eine Jacke, die gar nicht so entfernt wie eine kugelsichere Weste der Bundespolizei aussieht. Eine Kleinigkeit allerdings stört den machohaften Eindruck: Auf der Brust prangt sonnengelb der Firmenname »Sunconnect«. Es handelt sich dabei um eine Schweizer Solarfirma.

So stelle ich mir den Klimahelden der Zukunft vor. Handwerker, die nicht mehr Sanitärhandwerker, Eigenjargon »Gas, Wasser, Scheiße«, oder Energieanlagenelektroniker heißen, sondern »Team Klima«, »Klimawerker«.

Wir sind cool, wir sind kompetent, wir bauen den Wandel.

## Wachstum des Wohlergehens, des Glücks, der Kooperation, der Fürsorge

### *Reframing Wirtschaft*

Definition Wirtschaft, Homo oeconomicus und Wohlstand nach dem Duden:

- Ökonomie, die
- Definitionen
  1. Wirtschaftswissenschaft, -theorie
  2. Wirtschaft, wirtschaftliche Struktur (eines bestimmten Gebiets)
  3. Wirtschaftlichkeit, Sparsamkeit; sparsames Umgehen mit etwas, rationelle Verwendung oder rationeller Einsatz von etwas
- Herkunft: lateinisch oeconomia = gehörige Einteilung < griechisch oikonomía = Haushaltung, Verwaltung
- Homo oeconomicus, der
- (als Typus gesehener) ausschließlich von Erwägungen der wirtschaftlichen Zweckmäßigkeit geleiteter Mensch
- Wohlstand, der
- Maß an Wohlhabenheit, die jemandem wirtschaftliche Sicherheit gibt; hoher Lebensstandard

Unser Wirtschaftssystem funktioniert auf die Weise, dass wir uns von dem Geld, das wir für unsere Arbeit bekommen, möglichst viele Dinge kaufen, die in unseren Unternehmen hergestellt werden, für deren Herstellung wir Geld bekommen, für das wir möglichst viele Dinge kaufen können …

Im globalen Markt und in einem weitgehend von realer Produktion entkoppelten Finanzsystem erfasst diese einfache Beschreibung natürlich längst nicht alle Vorgänge unserer Wirtschaft. Aber die Grundlogik ist damit beschrieben.

Maja Göpels Vergleich zwischen menschlichen und natürlichen Systemen kann hier zusätzlich erhellend wirken: »Natürliche Systeme sind auf Dauer angelegt, menschliche auf den Moment. Natürliche Systeme leben von der Vielfalt, steuern sich selbst und können Schocks abfangen. Genau das macht sie resilient und in ihrer Ganzheit effizient. Sie sind auf Energieeffizienz ausgerichtet, weshalb auch nichts verschwendet wird. Moderne menschliche Systeme versuchen einzelne Prozesse – denken Sie an das Bild des Förderbandes – ökonomisch effizient zu gestalten: Was vorne weniger kostet, ist hinten netto positiv. Dadurch reduzieren menschliche Systeme Vielfalt, und das Gesamtgefüge wird homogen, was es fragil und fehleranfällig macht.«[99]

Bei dieser Beschreibung kommen mir die Riesenbagger des Braunkohletagebaus am Hambacher Forst in den Sinn. Oder die Monokulturen unserer industriellen Landwirtschaft. Effizient organisierter Einzelprozess, kein Blick auf das Ganze, kein bisschen resilient. Was also sind die Begriffe unserer aktuellen Ökonomie? »Wachstum«, »Effizienz«, »Gewinn«, »Wohlstand«.

All diese Begriffe sind sehr eindimensional definiert. Wachstum wird rein quantitativ bewertet, in Form des Bruttoinlandsprodukts, der Summe aller Waren und Dienstleistungen, die in einem Jahr in einem Land erbracht werden. Werte wie Empathie, Hilfe für Freunde, Kindererziehung, Verantwortung für Schwächere oder für die Natur spielen keine Rolle und haben für die Rechnung auch keinen Wert. Effizienz ist immer nur auf den einen Produktionsprozess fokussiert. Wenige Firmen denken in Kategorien von »Cradle to Cradle«, nach denen ein sogenannter Lifetime Circle, ein »Lebenszeitkreislauf« entsteht, in dem das genutzte Produkt wieder Rohstoff für die nächste Produktgeneration ist.

Gewinn meint, von wenigen Ausnahmen abgesehen, den Gewinn der Eigentümer eines Unternehmens. Im Falle börsennotierter Unternehmen ist dies der Shareholder-Value.

Neue Wirtschaftsmodelle definieren den Sinn von Wirtschaft qualitativ. Hier geht es um den »Sinn« eines Unternehmens. Welchen »Mehrwert für die Gesellschaft oder Gemeinschaft« bringt das Unternehmen? Diese Art von Wirtschaft ist von folgenden Begriffen geprägt: »Gemeinwohl«,

»Wohlergehen«, »Glück«. Die Menschen erlangen »Wohlsein« statt »Wohlstand« im Land der Dinge. Es geht hier um einen »Gemeinwohlstand«, um eine Wirtschaft, die Sinn stiftet und Werte schafft, also eine »Sinnschaft« oder »Wertschaft« oder eine »Verantwortungsökonomie«. Der Bundesverband Nachhaltiges Wirtschaften verwendet den Hashtag #wertschaften. Diese Wirtschaft mehrt nicht nur den individuellen Nutzen des Besitzers, sondern den kollektiven Nutzen. Es geht diesen Unternehmen um Balance, Gleichgewicht und funktionierende Kreisläufe. Es handelt sich also um eine »Kreislaufwirtschaft«, eine »Balancewirtschaft«. Beim einzelnen Unternehmen geht es um eine »Sustainable Identity«, eine Nachhaltigkeitsidentität, und in der Makroökonomie um das »Bruttoglücksprodukt«, das Sinnprodukt, das Wertprodukt. Die Werte, die erwirtschaftet werden, werden mit allen geteilt. Es geht also um »Shared Value« statt nur um Shareholder-Value. Also um »geteilte Werte« und nicht um »Teilhaberwerte«.

Im Sinne der Donut-Wirtschaft verfolgt diese Form des tätigen Lebens den Sinn, die einzelnen Menschen vor Armut, Hunger und Diskriminierung zu schützen und gleichzeitig, die planetaren Grenzen zu respektieren. Und auf diese Weise der Welt und dem Einzelnen Glück, Sicherheit und Wohlsein hinzuzufügen, der Welt und dem Einzelnen also mehr zu geben, als sie nimmt.

Das Bild gefällt mir gerade sehr gut: eine »gebende Wirtschaft« statt einer »nehmenden Wirtschaft«.

KAPITEL 7

# Wie können wir es besser machen?

## Regeln für nachhaltige Kommunikation

»Man kann nicht nicht kommunizieren.«
**Paul Watzlawick**

### Reden wir über Kommunikation. Reden wir über Relevanz, Augenhöhe und Werte

Kommunikation ist in einer multimedialen Welt notwendig, um ein Thema, eine Botschaft, eine Veränderung im öffentlichen Diskurs zu platzieren. Themen, die medial nicht vorkommen, können auch keine Wirkung entfalten. Aktuell läuft in Deutschland die Debatte darüber, warum unsere Medien nicht angemessen über die Dringlichkeit berichten, gegen die Klimaerhitzung vorzugehen. Dieses Kapitel äußert sich nur mittelbar zu dieser Neuausrichtung der Medienlandschaft. Hier geht es darum, wie Kommunikation aufgebaut werden sollte, um verstanden zu werden, um Relevanz zu erlangen und den Wertekanon bzw. die Emotionen der Menschen anzusprechen. Welche Regeln sollte man bei Reden, Kampagnen und politischer Veränderungskommunikation befolgen, um die Botschaft wirkungsvoll an die Zielgruppen zu adressieren? Wie muss sich die Kommunikationsbranche, also Werbe- und PR-Agenturen, Öffentlichkeitsarbeiter:innen, Designer:innen und Marketingabteilungen, aufstellen, damit Nachhaltigkeit, Verantwortung und ethische Haltung Richtschnur unseres Handelns sind und nicht die schlichte Vermehrung des Produktabsatzes? Was müssen wir als Kommunikationsexpert:innen ändern, damit sich alles ändert?

Im Kapitel über die Modelle zur Verhaltensänderung haben wir erfahren, dass Optimismus allein nicht zum Ziel führt. Besser ist es, man schaut sich die Hindernisse auf dem Weg zur verheißungsvollen Zukunft etwas genauer an und entwickelt einen Plan, wie man diese umschiffen kann. Die Frage »Was ist jetzt zu tun?« sollten am besten die gemeinsam beantworten, die auch etwas tun müssen. Wenn wir eine positive Vision an den Anfang stellen, hat das den Vorteil, dass man ein klares Ziel und auf dem Weg einen Kompass hat. Dann kann man sich in einem positiven Bewusstseinszustand auch mit den Mühen des Weges beschäftigen. Das erhöht die Erfolgschancen gravierend.

### *Die Tipping Points für eine bessere Welt!*

Vor zwölf oder 13 Jahren überlegte ich mit meinem damaligen Berater Elmar Sing, wie eine Agentur für nachhaltige Kommunikation aussehen könnte. Meine Agentur *tippingpoints* war noch eine Idee. Ich habe meine Agentur im Sommer 2012 gegründet. Wir sortierten die potenziellen Themen, und ich zählte auf: Mobilität ist schon wegen meiner langjährigen Arbeit in dem Thema gesetzt. Energie ist natürlich ein ganz wesentliches Thema für die nachhaltige Gestaltung unserer Zukunft. Wir müssen raus aus der Kohle, aus dem Öl und der Kernenergie. Und unser Essen, unsere Landwirtschaft sind auch zentral. Wir brauchen viel mehr Biolandwirtschaft und viel weniger Massentierhaltung. Elmar schmunzelte und entgegnete: Na, herzlichen Glückwunsch! Kommunikation gegen Auto-, Energie- und Bauernlobby. Da legst du dich ja mit den härtesten Lobbyisten im ganzen Land an.

Um ehrlich zu sein, ganz so heroisch, wie das klingt, ist mein Leben in den letzten zehn Jahren doch nicht verlaufen. Wir haben gute Kommunikation für alle genannten Themen gemacht, aber wir stehen auch nicht jeden Tag Auge in Auge mit den fiesen Lobbyisten der fossilen Industrie. Und nein, wir haben es mit unseren 25 Beschäftigten bisher nicht geschafft, die Kurve des ansteigenden $CO_2$-Gehalts in der Atmosphäre abzuflachen.

Wir achten darauf, dass unser Handabdruck oder unser Klimaschatten größer ist als unser Fußabdruck. Und wir tun dies nach der Philosophie der Tipping Points. Der Begriff wird vor allem in der Klimawissenschaft für die gefährlichen Kipppunkte benutzt, an denen eine Entwicklung auf fatale Weise außer Kontrolle gerät. Beispiele sind das Schmelzen des Grönlandeises, der Zusammenbruch des Ökosystems Amazonas-Regenwald oder das Auftauen der Permafrostböden, verbunden mit der Freisetzung von Methan, das bisher im gefrorenen Boden gebunden ist. Die Idee des Kipppunktes beschreibt eine über längere Zeit stabile Situation oder eine moderat lineare Veränderung, die ab einem bestimmten Punkt eine Eigendynamik entwickelt. Denn wenn der buchstäbliche Tropfen das Fass zum Überlaufen bringt, kommt das ganze System ins Rutschen. Wir hingegen suchen diese Tipping Points im Positiven. Unser Ziel ist es, die entscheidende Veränderung in einem System zu finden, die eine fatale Entwicklung stoppt oder eine Initialzündung für einen Systemwandel zum Besseren darstellt.

Es geht bei den Aufgaben, die uns die planetaren Grenzen stellen, immer um systemische Veränderungen. Dazu braucht es mehr als ein neues Stück Technik. Es braucht eine gesellschaftliche, eine kulturelle Wende. Es geht dabei um Werte, Normen, Moral. Deshalb kann die Diskussion um drei Parkplätze in der Kölner Innenstadt zur Grundsatzfrage über unser gesamtes Wohlstandsmodell werden. Eine Klimakampagne für eine Stadt muss mehr sein als ein paar gut gemachte Plakate im Stadtraum. Es geht um die Involvierung der Entscheider:innen in der Stadt, es geht um ein »Wofür?«. Am besten steht ein gemeinsames Ziel am Anfang. Klimaneutralität mag dabei die messbare Zielformulierung sein, aber dahinter stehen die Fragen: Wie wollen wir leben? Wie sieht beispielsweise ein klimaneutrales Köln aus? Wie essen, trinken, arbeiten wir in diesem Zukunftsköln? Wird es noch Kölsch geben? Wird es immer noch jeden Tag Stau auf den Autobahnen geben? Wird es überhaupt noch Autobahnen geben? Woher kommt die Energie für unsere Häuser und unsere Wirtschaft?

Teilen wir viel mehr Dinge, auch Heizungen und Autos? Und all diese Fragen haben sehr viel mit Wertentscheidungen zu tun. Deshalb braucht ein Projekt »klimaneutrales Köln« immer Beteiligung, mehr noch Involvierung, und im besten Fall entsteht »Ownership«, also die Aneignung der Ziele von möglichst vielen Menschen in der Stadt. Und dann können wir gut gemachte Plakate in den Stadtraum hängen.

Hans Joachim Schellnhuber kommt im Fazit seines Buches *Selbstverbrennung* zu einer pragmatischen Bilanz, was Wissenschaft und Kommunikation leisten kann: »Es ist eine Illusion zu glauben, dass brillante Forschung und kreative Kommunikation alleine jenes System aus Systemen, das wir Weltgesellschaft nennen, vom Kollisionskurs abbringen könnte … Fast alle tun das Richtige – nicht nur aus ihrer persönlichen Sicht, sondern auch aus der Perspektive der herrschenden Normen und Konventionen. Und dennoch addiert sich all das zu einem verheerenden Falschen auf.«[100]

Und doch haben wir in unserer Agentur Erkenntnisse gewonnen, die helfen können, die Welt zum Besseren zu verändern. Wir schöpfen unsere Inspiration nicht nur aus uns selbst. Wir tun dies auch in Zusammenarbeit mit Gleichgesinnten in unserem internationalen Agenturnetzwerk »Do Not Smile«, das inzwischen aus elf Agenturen in ganz Europa von Istanbul bis Manchester besteht und seit 2021 auch mit unseren südamerikanischen Freund:innen von ati. unión agencias de triple impacto, einem Netzwerk aus 30 Agenturen von Buenos Aires bis Miami, zusammenarbeitet.[101]

### *Relevanz, Werte, Verständlichkeit*

Wie funktioniert also gute Kommunikation? Es gibt für mich drei zentrale Begriffe, die gute Kommunikation im Grundsatz erfassen:

1. Relevanz
2. Werte
3. Verständlichkeit

### *Relevanz*

Was geht mich das an?

Meiner persönlichen Erfahrung nach ist ein wesentlicher Begriff bei Kommunikation immer »Relevanz«. Was hat diese Geschichte mit mir und meinem Umfeld zu tun? Und wenn in Grönland das Eis schmilzt, interessiert mich das erst mal so viel wie der sprichwörtliche Sack Reis, der in China umfällt.

Wenn ich nicht die Aufmerksamkeit der Zielgruppe kriege, habe ich schon verloren. Und gerade in der politischen Kommunikation, in der wir uns hier bei der Nachhaltigkeits- und Klimakommunikation bewegen, ist das gar nicht so leicht, diese Betroffenheit herzustellen. Wir hatten die Beispiele im Verlauf des Buches: Der Meeresspiegel steigt bis zum Jahr 2100? Nicht relevant.

Die Landwirtschaft ruiniert unsere Böden? Daran kann ich nichts ändern!

Der IPCC warnt, dass Starkregenereignisse zunehmen. Noch vor einem Jahr: nicht relevant! Das passiert woanders. Seit den verheerenden Hochwassern an Ahr und Erft aber ist das sehr relevant für Menschen, die an kleinen Flüssen leben. Auch in Deutschland.

Unser Gas kommt aus Russland? War bis vor Kurzem nicht relevant. Weil das Gas immer da war – und das zu halbwegs günstigen Preisen. Plötzlich ist dieses Thema relevant, weil wir in einem indirekten Krieg mit Russland stehen, die Gefahr besteht, dass wir nächsten Winter frieren müssen, und der Gaspreis sich verdoppelt hat. Plötzlich sehr relevant.

Sie sehen, ob mich ein Thema also etwas angeht oder nicht, hat mit den Rahmenbedingungen zu tun.

Und es geht darum, ob das Thema für mich relevant ist, weil es mich oder Menschen, die mir etwas bedeuten, bedroht. Oder ob es relevant ist, weil mein Leben oder das meiner Lieben durch eine Veränderung besser wird. Wenn es gelingt, Menschen in ihren Werten und Gefühlen anzusprechen, dann handeln Menschen solidarisch, fühlen mit anderen und denken nicht nur an sich. So funktionieren bisher vor allem Nothilfe und Spendenkampagnen. Wir sollten versuchen, diese Wirkungskette auch für Veränderungen zur Nachhaltigkeit zu aktivieren. Einen perfekten Moment hatten wir vor Kurzem bei einem Workshop in Bonn, es ging um Mobilität in Vierteln, die nach dem Vorbild Barcelonas Superblocks werden sollen. Die Viertel sollen in sogenannte Bönnsche Viertel mit weniger Autos und viel mehr Platz für Menschen umgebaut werden. Ein Teilnehmer aus der Stadtverwaltung sagte: »Wir müssen den Menschen erklären, was wir ihnen geben. Nicht nur, was wir ihnen wegnehmen.« Das ist relevant, verständlich, transportiert Emotion und macht einen neuen Frame auf: Lebendige Stadtviertel, das gibt den Menschen etwas!

### *Emotion/Werte*

»Werfen Sie alle Informationsbroschüren in den Müll. Der Mensch lernt nur durch Erfahrung und durch Gefühle.« Das Zitat stammt vom Hirnforscher Gerald Hüther. Er sagte das in seiner Keynote zum 30. Jubiläum des Bundesamtes für Naturschutz. Eine Behörde, die sehr viele Broschüren veröffentlicht. Ich möchte hier durchaus auch eine Lanze brechen für gut gemachte oder einfach nur wissenschaftlich relevante Informationsbroschüren. Innerhalb dieser Gruppe der Wissenschaftler:innen, der Anwender:innen und der Konsument:innen von Wissenschaft haben Broschüren und Fachzeitschriften eine hohe Relevanz. Aber »normale« Bürger:innen verstehen sie oftmals nicht und langweilen sich schnell an dem detaillierten Inhalt.

Gute Werbung spielt immer mit Gefühlen. Glückliche Menschen trinken den einen Kaffee, haben die richtige Versicherung, lieben ihr Auto. Und auch in unserem Feld der Klima- und Nachhaltigkeitskommunikation geht es sehr emotional zu. Gretas »I want you to panic« ist sehr emotional. Es muss deshalb darum gehen, Verbindungen zwischen Thema und Menschen herzustellen. Wir haben das mit Klimakampagnen versucht. Beispiele dafür sind: »Klimaschutz einfach machen« für die Stadt Offenburg, »Zusammen ist es Klimaschutz« für das Bundesumweltministerium oder eben zuletzt, eher ein interner Zukunftsdiskurs, für »Bönnsche Viertel – lebendige Straßen für Menschen« für die Stadt Bonn. Es gibt nicht sehr viele Kampagnen in Deutschland für ein Umhandeln in der Klimaerhitzung. Vielleicht weil zu viele Kommunen, Landes- und Bundesministerien noch an die rationale Information glauben. Eine sehr gelungene Kampagne für öffentlichen Verkehr fährt die Berliner Verkehrsgesellschaft seit Jahren mit dem Claim »Weil wir dich lieben«. Leider ein Solitär in der ÖV-Landschaft. In der klassischen Produktwerbung wird Klimabewusstsein neuerdings als »Lifestyle« junger Menschen verpackt. Alle Softdrinks, Autos und Klamotten sind jetzt ein bisschen »for future«.

Emotionen schaukeln sich auch oft in Bürgerversammlungen auf. Die »doofe Stadtverwaltung« versteht mal wieder gar nichts. Die sollten mich mal machen lassen. Diese Kritik bis hin zu sehr persönlichen *hate speeches*, »Hassreden« in den sozialen Medien bestimmen leider viel zu oft die politische Agenda. Deshalb halte ich es für wichtig, Formate zu entwickeln, in denen man wieder nach Regeln, mit Anstand und mit Zuhören und Ausredenlassen diskutiert. Und wir sollten darauf achten, wer mit wem redet. Es fehlt hier noch sehr an sogenannter Peer-to-Peer-Kommunikation, die Augenhöhe und damit auch wieder Relevanz herstellt. Um nur ein Beispiel zu nennen: Wenn die Stadt der Wirtschaft erklären will, wie Unternehmen sich klimafit machen können, passiert nichts. Wenn aber die Stadt gemeinsam mit der IHK eine Veranstaltung zum Thema »Klima und Unternehmen« organisiert, wo sich vor allem Unternehmen untereinander austauschen, dann kann Kommunikation gelingen.

### *Verständlichkeit*

Was hat mein Schnitzel mit dem Klima zu tun? Die Antwort ist komplex. Genauso in der Mobilität. Wir haben doch sparsame Diesel als Dienstwagen. Wenn ich nur noch fünf Liter auf hundert Kilometer verbrauche, kann doch keiner mehr meckern. Und E-Autos fahren ja nur 100 Kilometer. Was soll ich denn noch alles tun? Gerade die Information zu den planetaren Grenzen, aber eben auch die SDGs sind in ihrer Komplexität nicht für jeden Adressaten verständlich. In den Kapiteln zu den Fallen der Kommunikation haben wir gesehen, dass wissenschaftliche Sprache ein großes Hindernis ist, sowohl bei der Vermittlung des Handlungsdrucks als auch für die Akzeptanz der Lösungen.

Auch hier ist es wichtig, zielgruppengerecht zu kommunizieren. Ein Fachvortrag über Trockenheit in Brandenburg am Potsdam Institut unter Klimaforscher:innen sieht ganz anders aus als eine Rede zum gleichen Thema vor Bauern und Bäuerinnen.

Zusammengefasst: Verständlichkeit ist das A und O. Wenn ich nicht verstanden werde, kann auch Relevanz nichts mehr ausrichten, und Emotion kommt erst gar nicht auf. Relevanz erzeuge ich, indem ich Augenhöhe mit meinem Publikum herstelle oder eben Situationen erschaffe, in denen sich Menschen unter ihresgleichen austauschen können. Und Emotion entsteht fast automatisch, wenn wir über Lösungen statt über Probleme reden. Die Orientierung auf Neues, auf eine Zukunft, die funktioniert, setzt positive Emotionen frei. Und wer in guter Stimmung ist, denkt offener, ist kooperativer und kreativer.

Wie können nun Relevanz, Emotion und Verständlichkeit in Kampagnen, Logos und Claims eingewoben werden? Welche Rolle spielen Beteiligung und die Art und Weise, wie ich rede, bei Veränderungsprozessen?

Schauen wir uns ein paar Bausteine genauer an.

## Prinzipien guter Reden

*Listen to the Science*, höre auf die Wissenschaft. Wir brauchen Wissenschaft, um die Probleme zu erkennen und die dazu passenden Lösungen zu finden. Wir brauchen weiterhin die Erkenntnisse der Wissenschaft, um die roten Alarmleuchten, die unsere drastischsten Grenzüberschreitungen signalisieren, überhaupt zu bemerken. Und wir brauchen Wissenschaft, um wirkungsvolle Korrekturen unserer Fehlsteuerung zu definieren. Wir brauchen also Wissenschaftler:innen, die sich einmischen und die in der Lage sind, für möglichst viele Menschen verständlich zu sprechen. Stefan Rahmstorf, der Leiter der Abteilung Erdsystemanalysen im Potsdam Institut, erzählte mir in einem Interview 2019 folgendes Bonmot: »Als ich ein junger Wissenschaftler war, erklärte mir mein Professor in Kiel, wo ich nach meiner Promotion forschte: Nur die schlechten Wissenschaftler reden mit der Presse, merken Sie sich das.«

Dieses Zitat zielt auf die Neutralität, die Unabhängigkeit der Wissenschaft. Hans Joachim Schellnhuber macht sich zum Ende seines Werkes *Selbstverbrennung* Gedanken über das »Was?«, »Wie?« und »Wozu?« von Wissenschaft. Er dreht dabei die Frage um. Es gehe nicht mehr so sehr um die Frage »Was macht die Wissenschaft mit dem Klimaproblem?«, sondern um die extravagante Frage »Was macht das Klimaproblem mit der Wissenschaft?«. Er plädiert hier für eine aktive, sich einmischende Wissenschaft, die Verantwortung übernimmt. »Beim Forschungsthema Klimawandel kommen all die genannten Aspekte zusammen, sodass den Experten kaum eine andere Wahl bleibt, als ihre Spielecke irgendwann zu verlassen und die Haltung des unbeteiligten Analysten aufzugeben.« Und Schellnhuber argumentiert weiter moralisch: »Es ist jedoch aus moralischen Gründen unerlässlich, dass die Botschaften der Wissenschaft so weit ins Bewusstsein der Entscheidungsträger eindringen, dass diese eine klare Vorstellung davon haben, dass sie eine Wahl unter bestimmten Optionen zu treffen haben. Meines Erachtens liegt die Informationsverantwortung in diesem Zusammenhang beim Sender und nicht beim Empfänger.«[102]

Die Nichtregierungsorganisation Climate Outreach hat 2018 ein Handbuch für IPCC-Autor:innen veröffentlicht mit dem Titel: *Prinzipien für effektive Kommunikation und öffentliches Engagement in Sachen Klimawandel.*[103] Darin beschreiben die britischen Kommunikationsexpert:innen sechs Prinzipien der Wissenschaftskommunikation. Eigentlich alle kann man auch als grundsätzliche Regeln einer funktionierenden Kommunikation anwenden. Ich habe den Text des Handbuches mit eigenen Anmerkungen versehen.

1. Sei ein zuversichtlicher Kommunikator!
   Wissenschaftler:innen genießen großes Vertrauen. Ein Professoren- oder Doktortitel verschafft erst mal Reputation. Trump, Bolsonaro und die fossilen Industrien haben durch Fake-News-Kampagnen und das Schüren antiwissenschaftlicher Ressentiments zwar alles dafür getan, dieses Vertrauen zu erschüttern, aber es ist noch da. Mindestens bei der einen Hälfte der Bevölkerung. Und Wissenschaftler:innen können dieses Vertrauen nutzen. Sprich also als Wissenschaftler:in oder einfach als Redner:in mit einer festen und authentischen Stimme, und dir wird zugehört.
2. Sprich über die reale Welt, nicht über abstrakte Ideen!
   Prof. Mindy, gespielt von Leonardo DiCaprio, erklärt in dem Hollywood-Film *Don't look up*, wie sie ermittelt haben, dass der Asteroid auf Kollisionskurs mit der Erde sei. Er holt langatmig aus mit Erklärungen über Bodensekunden und anderes astronomisches Spezialwissen. Nach wenigen Sekunden haben sich die Zuhörer:innen geistig verabschiedet.

   Verwende also keine großen Zahlen, versuche Verbindungen zu den Alltagserlebnissen der Menschen herzustellen. Wenn die Zahlen mit Ereignissen zu tun haben, die zu weit in Raum und Zeit entfernt liegen, führt das beim Publikum zum sogenannten psychologischen

Distanzieren. Egal, vor welchem Publikum: Die Information, dass im Jahr 2100 der Meeresspiegel um ein bis zwei Meter gestiegen sein wird, wird als nicht relevant für mich und mein Leben eingestuft. Das liegt in einer fernen Zukunft.

Frames, die auch bei konservativem, also tendenziell eher klimaskeptischem Publikum funktionieren, sind hingegen:

Erhalt der Schöpfung und Verantwortung für die Familie und damit für Kinder und Enkel, Müllvermeidung, Gesundheitsnutzen und Gleichgewicht.

3. Verbinde deinen Vortrag mit Dingen, die für dein Publikum wichtig sind.
   Werte und politische Einstellungen haben mehr Gewicht als wissenschaftliche Fakten. Moralische Werte wie »Wir kümmern uns um die Schwächeren« oder »Wir sind fair zueinander« funktionieren.

   Wissenschaft braucht Fakten, aber sie reichen nicht aus, um öffentliche Bekenntnisse zum Handeln zu schaffen. Für solche Bekenntnisse braucht es die Verbindung mit akzeptierten Werten. Was immer gut ankommt, sind Dinge von lokalem Interesse. Unser Schwarzwald, wie ihn Generationen kennen und lieben, wird zwei Grad Erwärmung nicht überstehen. Lassen Sie uns also darüber reden, wie wir den Wald so umbauen können, dass er überlebt. Oder: In Brandenburg wird es nach allen Prognosen deutlich weniger regnen. Das hat schwerwiegende Auswirkungen auf unsere Landwirtschaft. Was können wir verändern in unserer Landwirtschaft, damit sie weiterhin funktioniert? Sprechen Sie auch davon, wen oder was Sie lieben. Und erklären Sie, wie Ihre Lieben durch die Klimaerhitzung angegriffen werden. Zeigen Sie auch den Menschen im Wissenschaftler.

4. Erzähle eine menschliche Geschichte!
   Anekdoten und Geschichten kommen immer gut an. Der IPCC hat letztes Jahr eine sehr gute Kampagne auf LinkedIn gesendet: Wer sind die Wissenschaftler:innen hinter dem IPCC? Das gab dem IPCC Gesichter, viele sympathische, menschliche Gesichter. Kein abstrakter

Wissenschaftsrat, der noch nicht einmal einen festen Ort hat, an dem er seinen Sitz hat oder an dem er tagt. Ein ähnliches Muster verfolgte die Universität von Colorado 2015 mit einer Kurzfilmkampagne mit dem Titel *More than scientists*, »Mehr als Wissenschaftler:innen«.

Was sollte Klimakommunikation leisten? Das Problem beschreiben. Die Konsequenzen darlegen. Lösungen präsentieren. Denn ohne Lösungen entsteht Hilflosigkeit.

Im Handbuch von *Climate Outreach* werden auch Randy Olson und sein ABT-Muster (And, But, Therefore) für gutes Storytelling zitiert. Olson ist ein studierter Meeresbiologe, der nach seiner Wissenschaftskarriere in die Filmbranche wechselte. Er versucht seitdem immer wieder, die Erkenntnisse, die Hollywood für das Erzählen guter Geschichten nutzt, auf die Vermittlung von Wissenschaft anzuwenden.

Um ein Beispiel aus meinen Geschichten in Kapitel 5 aufzugreifen:

Seit dem Zweiten Weltkrieg steigern wir mit Mitteln der industriellen Landwirtschaft unsere Erträge. Und unsere Bauern arbeiten hart dafür, die wachsende Weltbevölkerung zu ernähren. Aber die Untersuchungen unserer Böden zeigen, dass sie diese Form der Landwirtschaft nicht mehr lange aushalten. Über die Hälfte der Böden sind schon degradiert. Das heißt, sie sind eher Sand als Erde. Das müssen wir ändern. Deshalb muss es unser Ziel sein, wieder mehr Kompost, mehr organisches Material in den Boden einzuarbeiten. Das verbessert nicht nur die Bodenqualität – diese Böden mit mehr Humus speichern auch mehr $CO_2$ als die degradierten und werden so zu einer $CO_2$-Senke.

5. Argumentiere mit dem, was du weißt.
Unsicherheit ist eine Stolperfalle, die von den Klimaskeptikern brutal ausgenutzt wurde. Selbst bei 99-prozentiger Eintrittswahrscheinlichkeit für ein Ereignis schlug die Ölindustrie immer wieder in die Kerbe des einen Prozents Unsicherheit, um Zweifel zu säen. Gerade in Unterhaltungen mit Nichtwissenschaftler:innen musst du auf das Wissen und nicht das Unwissen fokussieren.

Ein Beispiel: »Das Risiko von Starkregen und mehr Überschwemmungen in engen Flusstälern ist deutlich gestiegen durch die Klimaerhitzung. Das belegen unsere Forschungen. Die Menschen an der Ahr und der Erft haben das im Sommer 2021 katastrophal zu spüren bekommen. Das ganze Land hat mit ihnen und ihren Familien gefühlt. Doch was können wir gemeinsam tun, um beim nächsten Mal besser vorbereitet zu sein? Und was können wir tun, damit solche Katastrophen nicht noch häufiger passieren?«

Mach den Punkt dort, wo der größte Konsens herrscht: dass Klimaerhitzung real ist. Extremwetter ist ein sehr mächtiges Bild für ein Klima außer Kontrolle.

Unsicherheit und Kontrollverlust mag das Gehirn nicht.

6. Nutze die effektivste Visualisierung

Zeige Menschen neue Geschichten. Extreme Klimaeinflüsse sind emotional mächtig. Annalena Baerbock hat das im Mai 2022 in Mali und im Niger sehr anschaulich gemacht: Auf ihrem Instagram-Kanal stand sie in einer afrikanischen Landschaft. Das Land wirkte trocken. Sie zeigte hinter sich und erklärte sinngemäß: Dahinten, wo Sie die weißen Baracken sehen, da floss bis vor wenigen Jahren ein Fluss. Der ist verschwunden. Das macht das Überleben hier für die Menschen, mit denen ich gesprochen habe, sehr schwierig. Das ist konkreter Klimawandel.

Wir können hier konkret helfen, indem wir Bewässerungssysteme bauen und das weitere Ausbreiten der Wüste verhindern. Dann können diese Menschen hier sich selbst wieder eine Existenz aufbauen.

Die Menschen, um die es konkret ging, wurden auch in Bildern im Gespräch mit der Außenministerin gezeigt.

Grafiken/Diagramme sind neben Fotos eine beliebte Visualisierung von wissenschaftlichen Ergebnissen. Oft verstehen aber nur Wissenschaftler:innen die Grafiken von Wissenschaftler:innen. Um sie als funktionierendes Mittel der Kommunikation einzusetzen, sollten sie nach dem Muster MADE gebaut werden. MADE bedeutet: Message/Audience/Design/Evaluation (Botschaft/Publikum/Gestaltung/Test an der Zielgruppe).

Diese Gestaltungsprinzipien sind vom Tyndall Centre for Climate Change Research aufgestellt worden. Sie beschreiben ein sehr einleuchtendes Prinzip. Die Gestaltung, die du zeigst, sollte von deinem Publikum verstanden werden. Überlege dir also sehr genau, was deine wichtigste Botschaft ist. Vermeide ein Durcheinander von Botschaften. Nichts ist kommunikativ schlimmer als ein Diagramm, das versucht, einen komplexen Sachverhalt in einer komplexen Grafik darzustellen. Deine Botschaft sollte für dein Publikum relevant sein. Und die Grafik sollte so gestaltet sein, dass sie dein Publikum auch optisch anspricht. Um das zu prüfen, lohnt es sich, Grafiken vor einem Vortrag an Menschen zu testen, die aus deiner Zielgruppe stammen.

Das Original des Handbuches finden Sie hier.[104]

## Musterkampagne für Musterstadt

### *Gute Kommunikation braucht einen Grund und ein Ziel*

Rede zuerst vom Ganzen, nicht von den Teilen. Wie gestaltet man am besten eine Kampagne, die Aufmerksamkeit erregt, die die Aktivist:innen in dem jeweiligen Thema gut finden und teilen, die aber auch im Mainstream, in der Mitte der Gesellschaft ankommt? Wie baut man also eine Kommunikation auf, die klar die Notwendigkeit zur Veränderung benennt, die provoziert, aber dennoch mehrheitsfähig bleibt? Die also auch Menschen für die nachhaltige Sache gewinnt, die bisher eher der Überzeugung waren, alles in allem seien wir in Deutschland schon »Umweltmeister«, und wir müssten jetzt wirklich nichts weiter ändern.

Ein paar einfache Regeln für erfolgreiche Change-Kampagnen zuerst:

1. Sei für etwas.
2. Sei unterhaltsam, humorvoll.
3. Sei provokativ, aber nicht zu sehr.
4. Sprich mit deinen Freund:innen darüber, was du vorhast.
5. Bilde eine Innovationsgruppe mit wichtigen Akteur:innen.
6. Sprich nicht über deine Gegner:innen, sondern mit ihnen.
7. Die Zielgruppe »die breite Öffentlichkeit« gibt es nicht.
8. Sprich unterschiedlich zu unterschiedlichen Zielgruppen.
9. Biete Handlungsmöglichkeiten an.

10. Baue eine Change Community, eine Veränderungsgemeinschaft auf.
11. Setze auf Kontinuität. Strohfeuer brennen hoch, aber kurz.

Die meisten Auftraggeber sind ungeduldig: »Seid mal kreativ, macht eine Kampagne, und nach einem halben Jahr messen wir den Erfolg.« Doch das funktioniert meistens nicht. Vor allem dann nicht, wenn die Aufgabe lautet: »Mach in der jungen Bevölkerung in Deutschland Klimaschutz zu einem wichtigen Thema, oder bring zehn oder besser 20 Prozent in unserer Stadt aus dem Auto aufs Fahrrad.« Kommunikation kann keine Themen setzen. Die müssen schon da sein. Wir können mit Kommunikation die Welle höher machen, aber sie nicht auslösen.

Bundesweite Kampagnen kratzen notgedrungen oft an der Oberfläche, weil sie nicht ein klar eingegrenztes Thema transportieren. Beim »Grünen Knopf«, dem nachhaltigen Mode- und Textilsiegel des Bundesministeriums für wirtschaftliche Zusammenarbeit und Entwicklung, können wir seit drei Jahren kontinuierlich über ein klar umrissenes Thema kommunizieren. Das ist aber ganz eindeutig die Ausnahme.

Deshalb will ich hier etwas genauer auf das Muster einer Stadtkampagne eingehen. Kommune ist der Ort, an dem Politik auf Wirklichkeit trifft. Hier hat man eine begrenzte Öffentlichkeit. Viele Menschen kennen sich. Meist geht es um ein Thema, in letzter Zeit vor allem um die Mobilitätswende oder um die Klimaneutralität jeweils bis 2030, 2035, 2050, demnächst vielleicht auch um die Wärmewende als einzelnes Thema. Und man bekommt ein unmittelbares Feedback der Zielgruppen und der Medien. Ich verzichte hier auf die Beschreibung möglichst vieler Methoden oder Formate, mit denen man Kampagnen, Kreation oder Stakeholder-Beteiligung gut umsetzen kann. Ich mache nur eine Ausnahme: Die Methode *Backcasting* beschreibe ich näher, weil sie eine sehr gute Möglichkeit darstellt, von der Problemorientierung zur Vision, zur Lösung zu kommen. Es geht mir hier um den Kern eine Kommunikation für eine Veränderung, für eine Innovation. Und der Kern, den es zu bearbeiten gilt, ist immer mehr oder weniger derselbe. Was Sie im Folgenden finden, ist das Gerüst einer gut aufgestellten Kommunikation. Wie Sie den Innenausbau angehen, ist Ihnen überlassen.

### *Definiere ein Ziel*

Zuerst geht es um das »Warum?« und »Wofür?«. Was erstaunlich ist, aber sich doch überall wiederholt, ist die Tatsache, dass das eigentliche Thema nicht klar ist. Unser erster Schritt ist also immer, Einvernehmen über den Grund der angestrebten Veränderung und das eigentliche Ziel der Kommunikation herzustellen.

### *Bilde eine Innovationsgruppe*

Bei der Gelegenheit bietet es sich an, gleich eine Innovationsgruppe zu bilden. Die sollte eher klein sein, aber die wichtigsten Dezernate und Ämter für das Thema abbilden. Am besten ist diese Innovationsgruppe an der Formulierung des Ziels beteiligt, dann sind sich schon einmal ein bis zwei Handvoll Menschen einig, worum es gehen soll. Und man hat in diesen Menschen eine stabile Fokusgruppe, die die Schritte der Kampagne bereits vorab bewertet.

### *Trau dich, Visionen zu entwickeln*

Was sich aus unserer Sicht an dieser Stelle sehr bewährt hat: Lass die Innovationsgruppe das Zielszenario beschreiben. Zum Beispiel: Wie sieht das Viertel oder die ganze Stadt aus, wenn wir erfolgreich gewesen sein werden? Das ist normalerweise der erste Schritt in einem Workshopformat, das sich »Backcasting« nennt.

Hier bringt es einfach lockere und kreative Stimmung. Und es schafft ein positives Ziel. Das Wunschbild ist ein Kompass, wofür wir diesen ganzen Kommunikationsprozess, aber auch den angestrebten Transformationsprozess überhaupt machen.

### *Entwickle eine Marke*

Im Anschluss braucht das Kind einen Namen. Die Kampagne benötigt eine Marke, damit sie im Getümmel der Stadt erkennbar ist. Das heißt, es werden ein Visual – etwas Bildhaftes – und ein Claim – die Kampagnenbotschaft – in ein bis fünf Worten gestaltet. Damit auch die unterschiedlichen Aktivitäten, die wir im Rahmen der Kampagne entwickeln, auf eine Marke einzahlen und damit die einzelnen Maßnahmen als Teil von etwas Ganzem wahrgenommen werden. Damit gewinnt eine Kampagne erst Wahrnehmbarkeit und Stärke. Oft existieren bereits konkurrierende Kampagnen oder zumindest einzelne Medien wie Flyer oder Websites aus dem Themenfeld, in dem die Kampagne wirken soll. An dieser Stelle muss geklärt werden, welches die Dachkampagne ist und wie man die einzelnen Teile am besten integriert. Abstimmungen mit anderen Verwaltungsteilen, etwa mit den Stadtwerken, mit Verbänden oder Initiativen sind notwendig.

#### *Wer ist deine Zielgruppe?*

Bevor wir nun aber zum schnellen Drucken und Hängen von Plakaten kommen, müssen wir noch ein paar andere Dinge klären. Wer genau ist die Zielgruppe, bzw. wer sind die Zielgruppen? Mit einem 70-jährigen Mann muss ich definitiv anders kommunizieren als mit einer 20-jährigen Frau.

Was wir dabei auch klären:

Welches sind die wichtigen Zielgruppen, und welche sind leicht zu erreichen? Und natürlich beginnen wir mit den wichtigen, leicht zu erreichenden Zielgruppen. Weil nichts so erfolgreich ist wie der Erfolg. Deshalb sollte es bei jedem Veränderungsprozess darum gehen, schnelle Erfolge zu erzielen, die dann natürlich auch kommuniziert werden.

#### *Rede mit allen relevanten Partnern*

Mit dem Grobkonzept einer Kommunikationskampagne gehen wir dann in eine erweiterte interne Runde in der Verwaltung. Wer sollte helfen, die Mobilitätswende, die Klimawende voranzubringen? Nehmen Sie alle naheliegenden Ämter und Dezernate dazu, wie etwa Umwelt, Klimaschutz, Tiefbau, Presse und Öffentlichkeitsarbeit und Ordnungsamt. Und dann überlegen Sie noch mal eine Stunde. Schließlich laden Sie das Stadtmarketing und die Wirtschaftsförderung, die Stadtwerke, das Kultur- und Sportamt, das Amt für Soziales, das Büro der Oberbürgermeisterin/des Oberbürgermeisters, die Wohnungsbaugesellschaften, die Polizei und Feuerwehr auch noch dazu. Bei genauer Betrachtung ist nämlich jede größere Transformation eine gesamtstädtische Aufgabe.

In diesem internen Workshop stellen Sie vor, was Sie vorhaben, warum Sie das tun und was Sie tun wollen.

Das Ziel sind Transparenz, Offensive und das Involvement weiter Kreise.

Und das Ziel ist natürlich darüber hinaus, alle wichtigen Akteure aus dem System »Stadt« für die Veränderung zu motivieren, im besseren Fall zu begeistern.

### *Informiere »die Öffentlichkeit«*

An dieser Stelle sollten auch Politik und Presse umfassend informiert werden.

Erst wenn du genau weißt, was du willst, wenn du in deinem eigenen Haus auf sicherem Grund stehst, gehst du an die Öffentlichkeit. Und mache auch hier bitte keine »Sammelsuriumbeteiligung«. Damit meine ich, lade nicht »die Bürger:innen« ein. Gehe auch hier zielgruppenspezifisch vor: potenzielle Kritiker:innen, die anfangs definierten Zielgruppen oder die Anwohner:innen eines Viertels, das verändert werden soll.

### *Gewinne die »Stakeholder«*

Und, wichtiger Punkt, etabliere eine dauerhafte Stakeholder-Beteiligung. Sprich mit der IHK, der Handwerkskammer, dem Einzelhandelsverband, wichtigen Bildungseinrichtungen in deiner Stadt, den Theatern, Museen und allen Kultureinrichtungen, Medien, Vereinen und Verbänden. Lade alle ein, Teil der Kampagne zu sein. Nur so erreichen wir nachhaltige, also dauerhaft wirkende Kommunikation für ein nachhaltiges Ziel.

### *Jetzt kannst du Plakate hängen*

Wenn du so vorbereitet eine Kampagne mit Plakaten, Aktionen, Radio- und Kinospots, Print und Social-Media in einer Stadt platzierst, sollte sie auf fruchtbaren Boden fallen. Will sagen, sie sollte von sehr vielen wichtigen Akteuren der Stadt und der Stadtgesellschaft getragen und mitkommuniziert werden.

### *Sei dafür, humorvoll und eckig*

Dann gilt es »nur noch«, die ersten drei Punkte meiner Liste vom Anfang zu erfüllen. Sei für etwas, sei unterhaltsam und im richtigen Maß provokativ.

Der hier beschriebene Weg funktioniert übrigens genauso in einem Unternehmen. Hole das Nachhaltigkeitsthema raus aus der Abteilung Nachhaltigkeitsmanagement, aus den CSR-Abteilungen. Involviere alle Teile eines Unternehmens, vor allem auch die Führung, und verteile Aufgaben, sodass ein gemeinschaftliches Projekt daraus wird. Es geht hier um das Aufbrechen von Silodenken, aber auch von Hierarchien und hart verteidigten Zuständigkeiten.

Und diese Vorgehensweise eignet sich genauso für die Bundesebene. Die von mir beschriebene Veränderung in der Landwirtschaft ist nur mit den Bauern möglich. Also sollte von Anfang an nicht nur eine kleine verschwiegene Truppe im Agrarministerium über eine neue Landwirtschaft reden. Hier ist Expertise aus dem Umwelt-, dem Wirtschafts-, dem Forschungs- und einigen anderen Ressorts wichtig. Und diese Innovationsgruppe sollte eben nicht über die Betroffenen reden, sondern gleich von Beginn an mit ihnen.

Was könnte ein Format für einen solchen größeren Kommunikationsprozess sein?

### *Die Intelligenz der vielen*

Die »Intelligenz der vielen« ist in diversen wissenschaftlichen Studien erforscht worden. Für Entscheidungsprozesse ist eine möglichst diverse Gruppe von 100 oder mehr Menschen klüger und effektiver im Ergebnis als einzelne Experten.[105]

Diese Intelligenz der vielen sollten wir nutzen, um mehr Dynamik und vor allem mehr Konsens in den Prozess der großen Transformation zu bringen. In Großbritannien startete die Regierung einen Prozess mit dem Titel *The Climate Assembly*, »Die Klimaversammlung«. Hier wird versucht, mit der »Breite der Gesellschaft« in einem konstruktiven Dialog zu klären, was zu tun ist, um zu null Treibhausgasemissionen zu gelangen. Die »Breite der Gesellschaft« wird hier allerdings quasi im Labor simuliert.

Der Prozess startete in 2019 und endete nach insgesamt sechs Wochenendsessions im Frühjahr 2020 zu Beginn der Coronapandemie in einem letzten Treffen, das digital abgehalten wurde. 108 Menschen, die repräsentativ für die gesamte britische Bevölkerung stehen, wurden zunächst von Expert:innen über die unterschiedlichen Handlungsfelder informiert. Danach arbeiteten die Versammlungen Lösungen in einem möglichst großen Konsens aus.[106]

Alle Beteiligten äußerten sich sehr positiv über diesen Prozess. Es entstand eine positive Gruppendynamik, in der mit großem Respekt füreinander und mit Engagement und Begeisterung an den Lösungen gearbeitet wurde. Nach weiteren Climate Assemblies in einer Handvoll anderer Länder fand eine solche Veranstaltung im Jahr 2021 auch in Deutschland statt. Die deutsche Organisation Bürgerrat führte die insgesamt zwölf Veranstaltungen im Frühjahr/Sommer 2021 durch. Insgesamt 160 Menschen, die repräsentativ die Bevölkerung der Bundesrepublik abbilden, haben hier über die Lösungswege für die deutschen Klimaziele debattiert. Das Besondere sind die Offenheit des Prozesses, die Transparenz und der kontrollierte und faire Ablauf. Inzwischen hat ein solcher Bürger:innenrat Klima auch in Berlin für die Stadtebene stattgefunden.[107]

Ich halte diese Form der Bürgerbeteiligung für sehr interessant. Weil die Zufallsauswahl ein Problem beseitigt, das uns sonst bei allen Beteiligungsformaten entgegenschlägt, das »Problem der üblichen Verdächtigen«. In jeder Stadt, in jeder Organisation gibt es den aktiven Teil der Bürger- oder Belegschaft. Dieser aktive Teil mischt sich ein, engagiert sich. Andere Teile, im Falle einer Kommune oft die ärmeren Bevölkerungsschichten oder die Gruppen mit Migrationshintergrund, bleiben außen vor. Wenn wir den Systemwandel ernst nehmen, können wir allerdings nicht ein Drittel bis die Hälfte der Zielgruppen ignorieren. Daher halte ich das Prinzip der repräsentativen Auswahl von Bürger:innen in solchen Bürgerräten für ein probates Mittel, um wirklich alle zu involvieren.

### *Gesetz der 150*

Es ist sicher der Repräsentativität geschuldet, dass in diesen Versammlungen immer um die 100 bis 150 Teilnehmer:innen angestrebt werden. Aber es mag auch eine andere Komponente mitspielen, bewusst oder unbewusst. Zwei Zahlen, die viel über menschliche Gruppendynamik aussagen, möchte ich deshalb an dieser Stelle in Ihr Bewusstsein rücken –

150 und 3,5 Prozent. Malcolm Gladwell, der amerikanische Publizist, der im Jahr 2000 den Bestseller *The Tipping Point* veröffentlichte, erwähnt darin das Gesetz der 150. Sozialwissenschaftliche Studien belegen, dass 150 Menschen eine soziale Grenze darstellen. 150 Menschen kann man als einzelner Mensch im Blick behalten. Wahrscheinlich haben Sie ungefähr 150 Bekannte. Ich meine in der Realität, nicht auf Instagram. Man kennt sie beim Namen, man weiß um ihre Vorlieben und Abneigungen. Man weiß vor allem, worin der eine oder die andere gut ist und was er oder sie so gar nicht kann. Wahrscheinlich war das auch die durchschnittliche Größe von Stämmen oder auch Siedlungen, als der Mensch begann, Ackerbau zu betreiben und sesshaft wurde. Gladwell führt als moderne Anwendung dieser Regel die Firma Goretex an. Das sind die, die mit ihrer Membran unsere Jacken und Schuhe wasserdicht machen. Goretex hat keine in Positionsbezeichnungen notierte Hierarchie. Alle sind Mitarbeiter:innen. Aber sie folgen einer Regel. Immer wenn eine Fabrik, eine Einheit des Konzerns die Zahl von 150 überschreitet, betreibt die Firma Zellteilung. Teilweise gruppieren sich um einen Parkplatz drei Unternehmenseinheiten. Der unternehmerische Vorteil entsteht daraus, dass jeder die besonderen Fähigkeiten der anderen kennt. Wenn du diese Aufgabe hast, geh zu Julia. Oder wenn du ein bestimmtes Problem gelöst haben willst, können dir John, Robert und Michael am besten helfen. Dieses Kollektiv-Know-how ist ein besonderes Kapital, auf dem ein erheblicher Teil des Unternehmenserfolges gewachsen ist.

Übertragen auf unser Thema, bestätigt das die Auswahl der 100 bis 150 Menschen für eine Klimaversammlung. Eine Größe, die man braucht, um die Repräsentativität zu erfüllen. Und die klein genug ist, dass nach drei, vier Sitzungen ein Gefühl der Vertrautheit, des gegenseitigen Kennens eintritt.[108]

Für die Übersetzung eines Themas in eine größere Gruppe lässt sich dieses Repräsentationsprinzip auch anwenden. Und es kommt noch eine zweite Zahl ins Spiel: das Gesetz der 3,5 Prozent. Es besagt, dass 3,5 Prozent eines Systems ausreichen, um das System in Bewegung zu setzen. Denken Sie einmal kurz nach. 3,5 Prozent der Belegschaft einer Firma, 3,5 Prozent der Bevölkerung einer Stadt, einer Stadtverwaltung, eines Viertels, das ist nicht viel. Die Forschung zu dieser Zahl wurzelt in der Analyse sozialer Bewegungen und Widerstandsbewegungen und deren Erfolgsaussichten. Vor 50 Jahren schrieb Gene Sharp ein Buch mit dem Titel *The Politics of Nonviolent Action*. Er führt darin 198 Protestmethoden auf, die Bürgerrechtsorganisationen oder Gewerkschaften eingesetzt haben. Die Harvard-Politologin Erica Chenoweth forscht am *International* Centre of Non-Violent Conflicts (ICNC). Sie hat diese magische Zahl in Studien ermittelt. 3,5 Prozent der Bevölkerung müssen eine Protestbewegung mobilisieren, um politische Wirkung zu erzeugen. In Deutschland wären das knapp drei Millionen Menschen. Chenoweth fand außerdem heraus, dass gewaltfreie Proteste doppelt so erfolgreich sind wie gewalttätige.[109]

Beide Zahlen geben eine Orientierung, wie viele Menschen man involvieren kann, ohne dass diese die Bindung zueinander verlieren. Und es zeigt: Um einen Change-Prozess in Gang zu setzen, muss ich nicht die ganze Stadt oder den ganzen Konzern von meiner Idee überzeugen, es reicht auch eine deutlich kleinere Gruppe, wenn sie gut vernetzt ist.

Ich bin zutiefst überzeugt, dass wir die Veränderungen, die uns die Klimaerhitzung aufnötigt, nur demokratisch und damit partizipativ in Gang setzen können. Und diese Partizipation sollte ehrlich und transparent sein. Es muss von vornherein klar sein, was von den gewählten politischen Repräsentant:innen als Ziel formuliert wurde und was von den Expert:innen in der Verwaltung dazu als Konzept oder Strategie erarbeitet wurde. Und dann lassen Sie uns neu lernen, auf dem Marktplatz zu debattieren. Dieser Marktplatz kann analog und digital funktionieren. Das haben wir alle in der Coronakrise gelernt.

Wir haben mit einer solchen repräsentativ ausgewählten Gruppe noch nicht gearbeitet. Unsere Formate erheben bisher auch nicht den Anspruch, »Bürgerräte« zu sein. Vor allem werden wir meist von der Verwaltung einer Stadt engagiert, um eine bestimmte, gewollte Politik zu kommunizieren. Insofern sind unsere Prozesse nicht so offen wie die beschriebenen Bürgerräte. Aber nach all unseren Erfahrungen ist es sehr wichtig, zu Beginn eines Veränderungsprozesses möglichst offene Diskussionsräume zu schaffen, in denen wir zunächst eine Idee von einer guten Zukunft gemeinsam erarbeiten. Und wir plädieren hier immer dafür, die Runden so divers wie möglich zu besetzen. Auch weil spezialisierte Expert:innen, beispielsweise aus dem Stadtplanungsamt oder dem Tiefbauamt, viel schneller wieder in den gelernten Problemmodus schalten, wenn sie unter sich sind. Besser sie werden irritiert von Kolleg:innen aus dem Kultur-, Sozial- oder Grünflächenamt. Diversität schafft eine kreativere Atmosphäre.

Ich plädiere sehr dafür, ein solches Werkzeug anstelle der bisher üblichen »formalen Bürgerbeteiligung« einzusetzen. Es bietet sich an für die Erarbeitung einer Strategie für das Ziel Klimaneutralität einer Stadt zum Jahr X oder zur Erarbeitung einer Strategie für die Mobilitätswende in einem Kreis oder einer Stadt. Auch für die kommunale Wärmewende könnte ein solcher Prozess hilfreich sein. Eine solche Bürgerversammlung könnte beispielsweise auch in den zwei »Bönnschen Vierteln« zum Einsatz kommen, in denen die Autos deutlich reduziert werden sollen, damit neuer Raum entsteht, der von Aktivitäten der Bürger:innen gefüllt werden soll. Da wir hier nah am Veränderungsprojekt arbeiten, könnte aus der Versammlung auch gleich so etwas wie ein »Viertelrat« entstehen, der sich für die Umgestaltung des Viertels mit verantwortlich fühlt. Auch in Barcelona funktionierten die Superblocks erst, als sich Initiativen von Anwohner:innen gründeten, die den freien Raum für gesellschaftliche Treffen und Aktionen nutzten.

Sie erinnern sich? Am Anfang sprach ich von vier unbequemen Wahrheiten, die Uwe Schneidewind definiert hat. Die vierte ist: Unsere systemischen Probleme sind nur durch globale Kooperation zu lösen. Fangen wir lokal damit an. Zweckorientierte Genossenschaften oder Kooperativen haben vielleicht ihre große Zukunft noch vor sich. Im 19. Jahrhundert wurden Genossenschaften vor allem aus der Not heraus geboren, als Kreditgenossenschaft oder als Handwerker-Nothilfeverein. Heute könnten sie die passende Form sein für lokale Kooperationsprojekte wie Wärmenetze, Gemeinschaftsgärten oder lokale Mobilitätsvereine. In dieser Form kann der Gemeinschaftsbesitz des 21. Jahrhunderts auf Quartiersebene organisiert werden.

### *Zurück in die Zukunft – Backcasting*

Mit welcher Methode können wir den Blick heben, weg vom Alltag, weg vom Problem, hin zur Vision, zur Idee, zur »wünschenswerten Zukunft«? Deutschland ist nicht dafür bekannt, besonders kreativ und visionär zu sein. Okay, wir können gute Maschinen bauen, Autos sind auch nur Maschinen. Aber man würde in der Welt nicht unbedingt von uns erwarten, dass wir sie mit einer neuen Designsprache revolutionieren – vom Bauhaus mal abgesehen. Wir können ingenieurtechnisch tüfteln, und wir können große Würfe, siehe unser Erneuerbare-Energien-Gesetz (EEG). Wie also können wir das Visionäre in uns mehr füttern? Eine relativ einfache, aber effektive Workshop-Methode kann uns dabei helfen: das schon erwähnte Backcasting.

Backcasting folgt der Erkenntnis Albert Einsteins: »Probleme kann man niemals mit derselben Denkweise lösen, durch die sie entstanden sind.« Diese Methode der Zukunftsforschung wurde bereits 1990 von John B. Robinson an der University of Waterloo entwickelt.[110]

Der grundlegende Unterschied zu anderen Prognoseinstrumenten ist die Umkehrung der Richtung. Backcasting setzt die wünschenswerte Zukunft an den Anfang. Die Bedingungen, die in einer nicht zu fernen Zukunft erreicht werden sollen, setzen die Norm, nicht der Status quo. Zu Beginn erdenken sich die Teilnehmer:innen den erfolgreich vollendeten Zustand in der Zukunft, den sie erreichen wollen. Von dort aus beginnt man rückwärts in die Gegenwart zu denken. Welche Programme, Richtlinien, Maßnahmen werden wann gebraucht, um diese Zukunft am Ende mit der Gegenwart zu verbinden?

Die grundlegende Frage eines jeden Backcastings ist: Wie sieht die Zukunft, die wir erschaffen wollen, 2030 aus? Denken Sie sich in die Zukunft. Wie bewegen Sie sich durch ein lebendiges Viertel der Zukunft? Was sehen Sie dort?

Und die zweite Frage folgt erst danach: Wenn wir Ziel A, B oder C im Jahr 2030 erreichen wollen, welche Maßnahmen müssen dann im Jahr 2028, 2025, 2023 und morgen ergriffen werden?

Wichtig ist dabei die Rahmensetzung, dass die Teilnehmer:innen keine Limits aus der Gegenwart bedenken müssen. Sie haben alle Ressourcen,

Geld, Menschen, Rohstoffe, die sie brauchen. Sie müssen auch nicht den gegebenen Gesetzesrahmen oder andere Vorschriften von heute beachten. Sie können all diese Rahmenbedingungen auf dem Weg zu ihrer *desirable future* so verändern, dass diese möglich wird.

Eine Prognose oder ein Forecasting nimmt immer die aktuellen Trends und Setzungen mit. Ein Forecasting ist immer gebunden an die Gegenwart, setzt die gegenwärtigen Methoden fort und extrapoliert sie in die Zukunft. Das Backcasting kehrt das Denken und Handeln um.

Diese Methode eignet sich sehr gut, um komplexe Probleme zu bearbeiten, wenn aktuelle Trends und Bedingungen Teil der Probleme sind. Der erste Schritt zur Lösung ist in diesem Fall das vorübergehende Ausblenden der aktuellen Hindernisse. Backcasting ist insofern ein sehr gut passendes Werkzeug, um nachhaltige Ziele, die aufgrund von heutigen Denkmustern und Glaubenssätzen nur schwer bis gar nicht erreichbar scheinen, in einem partizipativen Prozess zu formulieren und rückwärts aus der Zukunft eine »Roadmap« zu erarbeiten.

Backcasting: Aktuelles Handeln wird aus der gewünschten Zukunft entwickelt.

Wir haben mit diesem Tool erfolgreich die Zukunft der Mobilität für die Heinrich-Böll-Stiftung erarbeitet, für das Bundesumweltministerium die Zukunft des Automobils entworfen und zuletzt in Bonn mit Führungskräften aus der Verwaltung ein Zukunftsbild für menschenfreundliche Viertel nach dem Vorbild der Superblocks aus Barcelona entworfen.

## Die Verantwortung der Kommunikationsbranche

***Ändere etwas, ändere alles! Wie Kommunikation die Welt verändert.***

Kurz vor diesem Buch ist ein weiteres wichtiges Buch im Kontext meines Themas im oekom verlag erschienen. Unter dem Titel *Medien in der Klima-Krise* hat die Initiative *KLIMA° vor acht* die Unfähigkeit der »normalen« Medien kritisiert, die Klimaerhitzung angemessen in die Öffentlichkeit zu transportieren. Wir als Kommunikationsagentur sind ein anderer Teil der Medienbranche. Wir machen Kommunikation für Produkte, für Unternehmen, für Events, für Wissenschaft, für NGOs und für Politik in Städten, Ländern und im Bund. Wir stellen, so gesehen, auch Öffentlichkeit her. Im Zweifel würde man sagen, wir machen interessengeleitete Kommunikation. Wir wollen mit unserer Kommunikation »etwas verkaufen«. Aber auch in diesem Segment der Medienbranche gibt es Veränderung. Es gibt Unternehmen mit Haltung, Prinzipien und Verantwortung. Wir haben im vergangenen Jahr zur COP26 in Glasgow eine internationale Kampagne gestartet mit dem Claim *Change something. Change everything.* Es war eine wahrhaft internationale Kooperation aus zwei Agenturnetzwerken: einmal von »ati. unión agencias de triple impacto« mit 30 Agenturen in Lateinamerika und zum Zweiten von »Do Not Smile (DNS)« mit elf Agenturen in Europa.[111]

Das Manifest, das wir unserer Kampagne vorangestellt haben, macht die Relevanz der Veränderung in der Kommunikationsbranche deutlich. Ich möchte unser Manifest diesem Kapitel voranstellen. Aufgrund der Internationalität unserer Netzwerke belasse ich dieses Manifest in Englisch.

### Change Something, change Everything

Change something, change everything
Change the story, challenge the status quo
Be the change, chant for the future
Engage everyone, champion the world
Shift the order, channel a better choice
Redesign the system, turn up the green voice

Today, we need to step up to the challenge
It's time for change to take centre stage

For decades, the advertising and media industry has written the stories that furnished our homes, filled our cabinets, shaped our bodies, and nurtured our desires.

These stories framed our perspectives, and they narrowed our choices. They've taught us what to want, what to throw away and how to replace it, hastily, in an infinite and wasteful loop. All based on an illusion of comfort and perpetual consumption, bringing our planet to the brink of collapse.

Today, we are standing on the verge of extinction!

Today, we have to change!

As communications professionals we know how to make it happen.

A new story. A new chapter. A new vision.

Change something. Change everything.

Wir sind nicht bei diesem Manifest stehen geblieben. Wir haben eine globale Kampagne kreiert, und wir haben die Kreativindustrie weltweit aufgefordert, sich unserer Agenturbewegung anzuschließen. Mit dem Effekt, dass wir nicht für jeden arbeiten, dass wir nicht für »Greenwashing« zu haben sind, dass wir unsere Arbeitsbedingungen in unseren eigenen Räumen, aber auch bei unseren Zulieferern fair und sozial gestalten. Wir halten also Fußabdruck und Handabdruck im Blick. Was macht das mit unserer Arbeit?

### *Designing Nachhaltigkeit*

Nun, Agenturen sind die Marktschreier des Konsums. Kauf mich, kaufe mehr, immer wieder! Das ist, kurz formuliert, die Botschaft, die die Kommunikationsbranche unters Volk bringt. Das drückt den Daseinszweck unserer Branche natürlich sehr verkürzt aus. Wer es etwas differenzierter mag, kann gerne in einem Fachbuch für Marketing (Absatzwirtschaft) nachlesen. Da stehen dann solche Sätze wie: Unter Marketing

versteht man die Ausrichtung eines Unternehmens an den Bedürfnissen des Marktes. Entsprechend sollen alle Maßnahmen und Entscheidungen des Unternehmens das Ziel verfolgen, die Erwartungen von potenziellen Kund:innen zu erfüllen. Ziel des Marketings ist es, für steigende Absatzzahlen zu sorgen.
Bei aller Berechtigung für seriöse und komplexe Marketingkonzepte, am Ende geht es immer um das Eine: »Kauf mich!«.

Insofern sind wir die Agenten des »Immer mehr«, des Wachstums.

Es gibt im Grunde drei Stufen der Verantwortung in der Kommunikations- und Designbranche. Für wen arbeite ich? Welche Produkte und Produktionsprozesse unterstütze ich? Welches Produkt- und Materialdesign unterstütze ich?

Und dann gibt es noch eine Metaebene. Befeuere ich mit meiner Arbeit ein System, das in immer kürzeren Abständen immer neue Moden kreiert, und unterstütze damit eine Verschwendung von Ressourcen? Nutze ich meine kreativen Fähigkeiten, um immer mehr Produkte, die immer schneller »verbraucht«, auf den Müll geworfen und neu produziert werden, in den Markt zu drücken? Also, tue ich das, wofür unsere Branche erfunden wurde, »more of the same« in möglichst großer Stückzahl zu verkaufen? Oder »ändere ich etwas«?

1. Für wen arbeite ich?
   Arbeite ich für Unternehmen aus der fossilen Industrie oder Unternehmen, die Sweatshops und Kinderarbeit in Asien nutzen, die Fabriken in Gebieten aufbauen, wo die lokale Bevölkerung unterdrückt wird? Helfe ich Unternehmen, die nicht nachhaltig arbeiten, mit Mitteln der PR, der Werbung, sich ein sauberes Mäntelchen umzuhängen? Der Begriff »Greenwashing« ist dafür lange etabliert. Als Orientierung für Nachhaltigkeit können auch für unseren Bereich die 17 SDGs gelten. Alle Großunternehmen in der EU sind verpflichtet, einen Bericht über ihr Nachhaltigkeitsengagement abzuliefern. Auch hier gilt es zu überprüfen, ob diese Berichte nur eine weitere Pflicht darstellen oder ob die Beschäftigung mit dem Thema auch zu Veränderungen in der Produktpalette, im Herstellungsprozess und vor allem auch in den Lieferketten

ALORS ON
CHANGE ?
CHANGESOMETHING.BE

LOVE IS
IN THE
EARTH?
CHANGESOMETHIN

AIN'T NO
SUNSHINE WHEN
THEY ARE
GONE?
CHANGESOMETHING.BE

KOMMT
KEIN
VOGEL
GEFLOGEN
Change something, change everything
#CHANGESOMETHING

Gemeinsame Kampagne »Change something. Change everything« von den Agenturnetzwerken »Do not Smile« (Europa) und »Agencias a triple impacto« (Südamerika) zur COP in Glasgow (November 2021).

führt. Erfüllen auch die Firmen, die für Nike die Schuhe zusammenkleben, die für H&M die Jeans färben und den bei uns so beliebten »Used Look« erzeugen, die für VW die Autos in China zusammenschrauben, die Kriterien der SDGs? Für das Erledigen der Berichtspflicht ohne die entsprechenden Konsequenzen hat sich der neue Begriff des »Rainbow Washing« etabliert. »Rainbow« deshalb, weil die SDGs meist in bunten Kacheln in Regenbogenfarben dargestellt werden.

2. Welche Produkte oder Produktionsprozesse unterstütze ich?
Eine ebenso schwierige Entscheidung. Kann man für Volkswagen arbeiten, weil sie ihre Produktpalette jetzt komplett auf Elektroautos umstellen? Oder für Tesla? Kann man für Nespresso arbeiten, weil die Alukapseln, in denen diese Tochterfirma von Nestlé ihren Kaffee portioniert, angeblich alle recycelt werden? Kann man für die deutsche Rüstungsindustrie, sagen wir für Rheinmetall, aktuell wieder arbeiten, weil deren Waffen im Ukrainekrieg gegen den Aggressor Russland gebraucht werden?
Bei diesen Fragen kommen auch Mitglieder der ethisch orientierten Agenturen in unseren Netzwerken zu unterschiedlichen Antworten. Man kann sich Autos nicht einfach wegwünschen – und ist es dann nicht besser, es werden Autos mit weniger Umweltwirkung hergestellt? Bei Nespresso ist es noch am einfachsten. Kaffee muss nicht aufwendig in Alukapseln verpackt werden. Den gibt es auch in viel weniger schädlicher Form, viel günstiger und genauso lecker. Aber das ist vielleicht auch die kleinste Entscheidung unter den drei genannten.
Legt man auch hier die SDGs als Orientierung an, kommen bei ihrer derzeitigen Unternehmenspolitik alle drei Unternehmen nicht als Kunden infrage.

3. Welches Produkt- und Materialdesign unterstütze ich?
Hier sollten wir uns stark an der Recycling- und Reparaturfähigkeit der Produkte orientieren. Es werden inzwischen ganze Häuser geplant, die komplett wieder zerlegbar sind und deren Materialien wiederverwendet werden können. Die Bürgermeisterin von Amsterdam will

keinen neuen Beton mehr verwenden in ihrer Stadt. Was man als »Urban« *Mining* bezeichnet, soll in der niederländischen Metropole jetzt konsequent angewandt werden. Das ist das Ergebnis einer Komplettausrichtung der Stadt an der Donut-Ökonomie.

Die Regel ist in vielen Produkten immer noch die sogenannte *Planned obsolescence*, »geplantes Veralten« – will sagen, nach zwei Jahren ist ein Akku in einem iPhone halt am Ende. Da der Ausbau schwierig ist, kaufen dann viele ein neues. Das ist definitiv kein nachhaltiges Produktdesign.

Welche Materialien setzen wir ein als Designer? Tropenholz für Gartenmöbel? Welches Papier, welche Druckfarbe verwenden wir für Printerzeugnisse, ist die Druckerei zertifiziert? Welches Catering gibt es auf unseren Veranstaltungen, mit welchem Strom laufen die Server für unsere Social-Media-Kampagne?

Auch beim Design sind die 17 SDGs ein guter Orientierungsrahmen. Das spiegelt die Oslo-Charta für Design wider und die Charta nachhaltiges Design des AGD, der Allianz Deutscher Designer. Beides sind Selbstverpflichtungen, keine überprüften Zertifizierungen.[112]

## Interview mit Damla Özlüer, Myra, Istanbul, 6.1.2022

***»Große Veränderungen sind noch nie durch Werbekampagnen entstanden«***
Damla Özlüer ist Mitglied der Geschäftsführung der türkischen PR- und Designagentur *Myra*. *Myra* ist spezialisiert auf Kommunikation für soziale und ökologische Projekte und NGOs und nachhaltige Unternehmenskommunikation. Die Agentur existiert seit 1996 und ist eine bekannte Adresse in Istanbul. *Myra* ist Mitglied im europaweiten DNS-Netzwerk.

**Was ist bei der Klimakommunikation im letzten Jahrzehnt schiefgelaufen?**

**Damla:** Der Film *Don't Look Up* ist ein gutes Beispiel. Wir sind so selbstgerecht. Wir, die weiße, akademisch gebildete Mittelschicht. Filme und Kommunikation werden für uns gemacht, insbesondere die Klimakommunikation ist von und für uns gemacht. Diese ganzen Anzeigen im aufwendigen Design. Außerdem verwenden wir das falsche Vokabular. Wenn man »sürdürebilirlik«, das türkische Wort für Nachhaltigkeit, buchstabieren möchte, braucht man einen höheren Bildungsabschluss. Wir sind was Besonderes, wir können nicht mit der Masse kommunizieren. Wir wollen sie bilden. Aber niemand möchte in einem Spiel ständig die passive Rolle belegen. Erwachsene Menschen möchten nicht behandelt werden, als ob sie immer noch in Kinderschuhen gehen.

**Welche Lösung schlägst du vor? Wie können wir besser kommunizieren?**

**Damla:** Wir müssen auf Augenhöhe kommunizieren. Wir brauchen eine andere Sprache, ein anderes Vokabular. Außerdem sollte Kommunikation neue Inhalte transportieren. Erst war der Klimawandel ein Thema der Wissenschaft, genauer gesagt, ein Thema der Naturwissenschaften. Jetzt ist er ein Thema der Aktivist:innen. Keiner dieser beiden Bereiche ist massentauglich. Der Klimawandel ist eine Angelegenheit der Wirtschaft. Der Gedanke, den Planeten retten zu können, indem man bei H&M Biobaumwollkleidung kauft, ist scheinheilig, solange wir nicht das Problem der alles andere als nachhaltigen Bedingungen in der Textilindustrie, in der ganzen Lieferkette, angehen. Ich trage ein tiefes Gefühl der Scham in mir über die verbreitete Ignoranz des Westens gegenüber dem Rest der Welt. Vor einigen Tagen wollte eine afghanische Mutter die iranisch-türkische Grenze im Winter überqueren. Sie gab ihren Kindern ihre Socken, um deren Hände zu wärmen. Die Kinder erreichten das nächste Dorf. Ihre Mutter starb im Schnee. Ich schäme mich so, dass der Westen den Taliban Afghanistan überlassen hat. Das ist verrückt. Wenn wir uns diese Geschichte vergegenwärtigen, verstehen wir vielleicht, dass in einem Haus zu sitzen und in der Lage zu sein, seine Kinder zu ernähren, für eine Menge Menschen eine sehr vielversprechende Perspektive darstellt.

Wir leben alle in dieser Welt. Und wir müssen klarmachen, dass es kein Überleben für Einzelne gibt. Entweder wir überleben gemeinsam, oder wir sterben gemeinsam.

**Und wie kommen wir dahin? Gibt es eine Geschichte über Klimagerechtigkeit, die gut ausgeht? Eine Geschichte, die alle Ungleichheiten umfasst und diese in eine erstrebenswerte Zukunft verwandelt, nicht nur für die Reichen, sondern auch für die Armen und Schwachen? Du sprichst gerade davon. Wie könnte solch eine Geschichte für dich aussehen?**

**Damla:** Das ist eine politische Angelegenheit. Wir brauchen eine gute politische Führung. Politiker, die versuchen, Ressourcen gerecht zu verteilen. Es gibt nicht die eine Geschichte für alle. Ich sprach eben von der Wunschvorstellung, ein Haus zu haben und seine Kinder zu ernähren. Das ist die Geschichte des rechten Politlagers, die Geschichte der Trumps. Die rechten Parteien schaffen die Illusion, dass sie den Wählern mehr Macht übertragen, dass das Volk am Hebel sitzt. Aber das ist natürlich eine Illusion. Wir müssen diese Geschichte wieder für progressive Parteien und Gruppen in unserer Gesellschaft zurückerobern. Wir müssen einen Mechanismus erschaffen, der die Politik und die Wirtschaft in der Spur hält. Wir müssen für mehr Solidarität zwischen den Menschen kämpfen. Fridays for Future, die Frauenbewegung, die Gewerkschafter:innen sollten alle Hand in Hand agieren. Ich bin nicht der romantische Typ. Es gibt kein Endziel, wir können nicht alle Probleme lösen. Dieser Kampf wird sich durch unser Leben ziehen und hoffentlich auch durch das Leben unserer

Kinder. Unser Job ist es, diesen Weg der Auseinandersetzung freizuhalten. Und als Kommunikationsprofis sollten wir fähig sein, diesen Kampf als Paradies zu verpacken. Die Geschichte ist: sich an nichts zu gewöhnen. Wir müssen uns jeden Tag neu überraschen lassen. Es gibt kein richtiges Leben im falschen.

**Und welche Aufgabe haben wir als Kommunikationsprofis? Letzten Endes müssen wir den Anweisungen unserer Kunden folgen.**

**Damla:** Stimmt. Wir hängen vom Kundenauftrag ab. Wir müssen die Probleme unserer Kunden lösen und Kampagnen entwickeln, die funktionieren. Aber wie ich bereits zu Anfang sagte, die meisten Preise, die man in unserer Branche gewinnt, erhält man für bekannte Werbekampagnen, für schönes Design. Die Elite macht Kampagnen für sich selbst. Aber wenn du große Veränderungen erreichen willst, braucht es mehr als eine Elite. Und große Veränderungen sind noch nie durch Werbekampagnen entstanden. Sie geschehen, weil Menschen mit Menschen zusammenkommen. Das ist die ganze Geschichte.

KAPITEL 8

# Wie geht es weiter?

## Menschen wollen gut sein – Moral und Kooperation

»Ja, die Bereitschaft zur Veränderung nimmt zu, aber ins Handeln zu kommen, so dass es wirklich Klick im Gehirn macht, das dauert. Und die Zeit haben wir nicht mehr. Deshalb muss die Politik handeln.«
**Volker Quaschnig, Scientists4Future,**
**Interview in der *taz*, November 2021**

### Reden wir über Moral, Verantwortung und das Glück

Wie kommen Menschen mit Menschen in Kontakt? Und warum ist das die Karte, auf die ich nach allem setze? Warum glaube ich, dass wir Menschen die Wende noch schaffen können? Weil wir so sind, wie wir sind. Vieles in unserer menschlichen Natur hält uns davon ab, die richtigen Lösungswege zu beschreiten. Aber eine zentrale Eigenschaft könnte uns retten. Wir sind soziale Wesen, wir können kooperieren – und das besser als alle anderen Tiere auf diesem Planeten. Es mag paradox klingen, aber wir können uns leichter in einer Gruppe verändern als alleine. Deshalb brauchen wir den Bottom-up-Ansatz genauso wie den Top-down-Druck gleichermaßen, um in die Gänge zu kommen. Jede/r Einzelne muss sich in Bewegung setzen. Aber auch unsere politische Führung und das gesamte weitere Führungspersonal, in Verwaltungen, in Unternehmen, in Schulen und Instituten, in Häusern der Kultur, in Vereinen muss Verantwortung übernehmen und als Vorbild den Rahmen setzen.

Marcial Losada und Emily Heaphy haben positive und negative Umgangsformen in Teams in Relation zu ihrem Arbeitsergebnis gemessen. Hier das

Ergebnis der Studie: Positive Interaktionen, also Freundlichkeit, Wahrnehmung der anderen, Wertschätzung, sind sehr wichtig für die Gruppenperformance. In Gruppen mit sehr guten Arbeitsergebnissen stehen positive und negative Interaktionen in einem Verhältnis von 5:1, die durchschnittliche Gruppe hatte ein Verhältnis von 2:1, und die Gruppen mit den schlechtesten Ergebnissen hatten ein umgekehrtes Verhältnis von doppelt so vielen negativen Interaktionen wie positive. Ob Kommunikation zwischen Menschen gelingt und ob Kooperation mit anderen Menschen in uns Kräfte freisetzt oder uns blockiert, hängt sehr vom Umgangston ab. Machen Sie sich diese Tatsache klar, wenn Sie das nächste Mal in einer Teamsitzung jemanden unterbrechen, ins Unrecht setzen oder sogar vor anderen kritisieren.[113]

Die Studie stammt aus dem Buch der neuseeländischen Psychologin Niki Harré mit dem Titel *Psychology for a Better World*, »Psychologie für eine bessere Welt«. Ein sehr inspirierendes Buch für alle, die Psychologie und nachhaltige Veränderung unter einen Hut bringen wollen. Darin setzt sie sich mit Fragen wie diesen auseinander: Was treibt Menschen in ihrem Innersten an? Was von unserer psychologischen Programmierung lässt uns an unserer verschwenderischen Lebensweise festhalten, und was könnte helfen, uns zu einer nachhaltigen Spezies zu entwickeln, die zum Gleichgewicht der Erde beiträgt?

Nachhaltigkeit ist ein komplexes Thema, es gibt nicht die eine Lösung. Aber jede Lösung sollte im Einklang stehen mit unseren zentralen Werten. Und wir müssen da ansetzen, wo wir sind, bei uns selbst, bei unserer Familie, in unseren Schulen und an unseren Arbeitsplätzen. Niki Harré hat drei zentrale Eigenschaften von Menschen ausgemacht, die uns helfen können, einen Weg in eine bessere Welt zu finden:

1. Menschen sind Glücksucher.
2. Menschen sind sozial.
3. Menschen wollen gut sein.

Kommen wir zuerst zum Glück. Wenn wir in positiver Stimmung sind, sind wir kreativer, kooperativer, offener für Veränderung und einfach lockerer darin, neu zu denken. Wenn wir uns wohlfühlen, sind wir viel offener dafür, unseren Lebensstil zu ändern. Wie arbeitet man mit Menschen, die Glücksucher sind? Am besten bietet man eine Aktivität an, die gute Stimmung auslöst. Also Singen oder Tanzen für eine bessere Welt. Auf jeden Fall sollte man den Anfang einer Veranstaltung mit positiven Emotionen füllen, das zieht dann auch die richtigen Menschen an. Formalisierte Sitzungen von Parteien oder Vereinen, die zuerst mal das Protokoll der vorangegangenen Sitzung durchgehen, verlieren die Glücksucher schnell wieder. Glücksucher wollen in einer positiven, unterhaltsamen Atmosphäre arbeiten. Wenn unterschwellige Konflikte diese Atmosphäre stören, wenn Menschen aggressiv sind oder andere nicht ausreden lassen, dann steigen die Glücksucher aus. Was dazu führt, dass das Ergebnis einer Veranstaltung bei Weitem nicht so kreativ, ungewöhnlich oder neu sein kann wie in einer positiven Umgebung.

Menschen sind sozial. Schon immer, von Anfang an. Es beginnt schon bei Babys, sie imitieren den Gesichtsausdruck ihrer Eltern schon sehr früh nach der Geburt. Bei Erwachsenen nennt man diese Lust zur Nachahmung den »Chamäleoneffekt«. Wenn Sie gähnen, ist es sehr wahrscheinlich, dass es Ihr Gegenüber auch tut. Wenn Sie mit dem Fuß wippen, tut es Ihr Gesprächspartner auch. Wir verändern unser Verhalten, um uns unserer Umgebung anzupassen. Wir kopieren, was wir sehen. Das hat mit den sogenannten Spiegelneuronen zu tun. Das Sehen und das Tun sind überlappende Prozesse in unserem Gehirn. Daher sind diese Nachahmungsprozesse der Beginn von Veränderung. Wenn ich etwas nachmache, macht das Gehirn das neue Verhalten mit. Und wenn ich etwas oft tue, dann baut das Gehirn eine neue neuronale Bahn, und es fällt uns leichter, das so programmierte Verhalten zu wiederholen. So können wir eine neue Routine aufbauen. Wenn wir tanzen oder Klavier spielen lernen, funktioniert das zum Beispiel so. Aber wir kopieren nicht nur, was wir sehen, wir kopieren auch das, was wir für normales Verhalten halten. So lassen sich die endlosen Staus in der Rushhour in unseren Städten erklären. Mit dem Auto zur Arbeit zu fahren wird für normal gehalten. Und der Stau bestätigt uns diese Normalität auf perfide Weise. Machen ja alle so.

Wie können wir mit dieser Kopierlust unserer Spezies für ein »new normal«, eine »neue Normalität« arbeiten? Verändern lässt sich eine solche Routine, indem wir sie unterbrechen und bewusst durch ein neues Verhalten ersetzen. In der Werbesprache nennen wir diese Methode »Do, feel, learn«, »Tu es, fühle es und lerne es«.

Der etwas simple Versuch, dieses psychologische Muster anzuwenden, ist der Probierstand im Supermarkt. »Wollen Sie mal unseren neuen Käse probieren?«, wird man dort freundlich empfangen. Und schon ist man versucht, ein oder zwei Stücke davon mitzunehmen. Etwas komplexer war die Situation bei Einführung der Pedelecs, der elektrisch unterstützten Fahrräder. Am Anfang wurde der elektrische Hilfsmotor als Krücke für alte oder schwache Menschen interpretiert. Und dann haben sehr viele diese Fahrräder ausprobiert und erkannt, wie viel Spaß das macht, mit einem Lächeln im Gesicht den Berg hochzudüsen.

Und vor allem lernten die Tester:innen, dass das vermeintliche Rentnergefährt auch ihnen den Alltag erleichtert.

Außerdem brauchen wir Geschichten, die uns, im wahrsten Sinne des Wortes, eine andere Realität vorstellbar machen. Geschichten treiben eben auch Verhalten. Wir brauchen auch hier eine gewisse Dosis an Schreckensgeschichten und Erfolgsgeschichten, die uns die Folgen unseres aktuellen Verhaltens buchstäblich »vor Augen führen«, im Negativen wie im Positiven. Wichtig ist aus psychologischer Sicht, dass wir darin reale Probleme und reale Lösungen beschreiben und nicht abstrakte Szenarien. Und wir dürfen die negativen Geschichten nicht übertreiben. Positive Storys müssen klar überwiegen.

Wie kann man mit diesen sozialen Tieren namens Mensch Richtung Nachhaltigkeit arbeiten? Indem wir über unsere Angst vor der Klimaerhitzung reden und indem wir Vorbild sind. Entscheiden Sie sich im Restaurant für das vegetarische Gericht, fahren Sie mit dem Fahrrad zur Arbeit, bauen Sie Solarzellen auf Ihr Dach. Kämpfen Sie dafür, dass vor Ihrem Büro ein guter Fahrradständer gebaut wird. Damit legen Sie eine Spur für nachhaltiges Verhalten. Eine solche sichtbare Infrastruktur für eine Veränderung funktioniert wie ein »nudge«, ein täglicher »Schubser«, der Ihnen sagt: Hey, es wäre besser für dich und die Welt, wenn du Fahrrad fährst.

Und als Drittes, erzählen Sie Geschichten der Freude, über Ihre Fitness, seit Sie Fahrrad fahren, über die nette Unterhaltung auf Ihrer letzten Zugfahrt oder über dieses gute Gefühl, seit Sie mit Solarwärme duschen.

Menschen wollen »gut« sein. In diesem schlichten Wort »gut« schwingen eine Menge tiefer Überzeugungen und Werte mit. Moralische Prinzipien sind mit starken Emotionen verknüpft. Wut, Scham, Schuld fühlen wir, wenn wir gegen unsere erlernte Moral handeln. Moral hat viel mit der Kultur und Religion zu tun, in der wir aufgewachsen sind. Das tausendfache Gehalt seiner Mitarbeiter:innen zu bekommen mag in den USA moralisch okay sein, in vielen anderen Ländern ist es das nicht. Es gibt allerdings zwei Grundprinzipien, die über alle Kulturen hinweg gelten und die so etwas wie das moralische Fundament für alle Menschen bilden: 1. Schütze unschuldige Schwächere. 2. Verhalte dich fair gegenüber deinen Mitmenschen.

Menschen haben einen starken Drang, im Einklang mit ihren tiefsten Werten zu leben. Wir sprechen selten über unsere Moral. Niki Harré schlägt vor, über unsere wichtigsten Überzeugungen auch gezielt in Gruppen zu diskutieren, um diese tiefe Saite in uns zum Klingen zu bringen.

Und dann sollten wir nicht allein bleiben. Wir sollten Gruppen bilden, die eine nachhaltige Zukunft bauen wollen. Und diese Gruppen sollten divers sein. Eine »Urban Gardening«-Gruppe in Berlin-Prenzlauer Berg mit 90 Prozent akademisch gebildeten Mitgliedern ist wichtig. Dabei darf die Entwicklung aber nicht stehen bleiben. Es ist für den »great mindshift« von entscheidender Bedeutung, dass wir alle Zielgruppen auf Augenhöhe ansprechen. Der Aufbruch der »Essbaren Stadt« Andernach, wie ich ihn in Kapitel 5 beschrieben habe, ist ein Beispiel dafür, wie der kollektive Aufbruch gelingen kann. Wir sollten überall kleine Keimzellen des Aufbruchs schaffen. Und wir sollten dabei nach wie vor nicht die großen Verhältnisse aus den Augen verlieren. Dafür sollten wir uns politisch einmischen. Wir brauchen eine Politik, die die Weichen richtig stellt. Und, wenn sie das aus unserer Sicht nicht tut, haben wir in Demokratien das große Privileg, dass wir in diese Politik einsteigen können und sie in Richtung Nachhaltigkeit verändern.[114]

## 10 Regeln für nachhaltige Kommunikation

1. Kommunikation muss Emotionen wecken.
2. Es ist wichtig zu lächeln. Menschen, die sich gut fühlen, sind kreativer, open-minded, empathischer, lösungsorientierter, veränderungsbereiter.
3. Angst muss mit Zuversicht ausbalanciert werden. Angst bedeutet Kontrollverlust und Erstarrung. Zuversicht beschreibt die Mittel, die zur Lösung des Problems notwendig sind, verschafft damit Handlungsoptionen und vermittelt Selbstwirksamkeit.
4. Es gibt nicht die eine Geschichte für alle. Jedes Thema muss unterschiedlichen Zielgruppen unterschiedlich vermittelt werden.
5. Betone gemeinsame Werte, die in der Zielgruppe wirken. Baue deine Kommunikation auf diesen Werten auf, und betone die progressiven Aspekte.
6. Gewinne das Zentrum deines Publikums. Wenn du die konservativen Extreme bedienst, polarisierst du genauso, wie wenn du die aktivistischen Teile des Publikums bedienst. Daher ist es wichtig, deine Kommunikation ins Zentrum zu richten, dann erreichst du die Mehrheit und hast zudem die Chance, Teile der Extreme zu erreichen.
7. Deine Kommunikation muss Ecken und Kanten haben, sonst wird sie nicht bemerkt. Deshalb musst du gelegentlich Risiken eingehen, mal unverschämt, mal lustig, mal scheinbar dumm argumentieren. Das schafft Aufmerksamkeit.
8. Deine Kommunikation muss ästhetisch schön sein. Handwerklich professionell gearbeitet und kreativ besonders.
9. Große Veränderungen geschehen, wenn Menschen Menschen berühren, wenn eine Verbindung zwischen Menschen entsteht. Es muss Resonanz entstehen.
10. Große Veränderungen brauchen eine neue Moral, eine große Idee. Ein großer Konsens unter Menschen besteht darin, dass verletzliche, schwächere Menschen (Kinder, Kranke, Alte) zu schützen sind, und darin, dass es fair zugehen muss. Hier liegt ein Anker für gelingende Kommunikation für eine Erde im Gleichgewicht.[115]

# Moonlanding speech

Ich habe am Anfang beklagt, es fehle eine »Moonlanding speech« für den »great mindshift«, eine »Mondlandungsrede« für den »großen Bewusstseinswandel«. Hier ist sie. Stellen Sie sich einfach vor, unser Bundeskanzler Olaf Scholz hätte eine solche Rede zum Start seiner Regierung gehalten. Wenn Sie sich das nicht vorstellen können, dann denken Sie dabei an Robert Habeck oder Annalena Baerbock, dann geht das mental vielleicht besser.

## Übernehmen wir Verantwortung für das Leben unserer Kinder

Die letzten drei Jahre haben uns aufgerüttelt, in Bewegung gesetzt. Die Politik, Unternehmen und viele Bürgerinnen und Bürger haben gelernt, dass es in der Coronapandemie, im Ukrainekrieg und mitten in der Klimaerhitzung mit einem einfachen »back to normal«, »zurück zum Normalen«, nicht getan ist, weil das Normal falsch war.

Wir sehen die fatale Abhängigkeit von fossilen Energien, die uns unserer Handlungsfähigkeit berauben. Bisher stellten uns diese Energien ruhig, machten uns sorglos, wir hatten es ja warm. Wir wollen das ändern. Wer übernimmt hier Verantwortung?

Wir sehen den Zusammenhang zwischen der Vernichtung der Natur und dem Überspringen von Viren aus der Tierwelt auf den Menschen mit all seinen Bedrohungen. Wir sehen die für die Biodiversität, für unser aller Gesundheit und für unsere Klimabalance fatale Landnutzung. Wir sehen den Fleischskandal bei Tönnies und wissen, das ist nicht okay. Nicht für die Tiere und nicht für die Arbeiter:innen. Wir wollen das ändern. Wer übernimmt hier Verantwortung?

Wir sehen die Hitze in der Nordpolarregion, den schmelzenden Permafrost in Sibirien, die Fluten in Deutschland, die verheerenden Brände am Mittelmeer und die in unmittelbarer Folge heißesten Jahre seit Aufzeichnungsbeginn. Und wir wissen, die Klimaerhitzung ist nicht anderswo und später, sondern sie ist hier und jetzt. Wir wollen das ändern. Wer übernimmt hier Verantwortung?

Obwohl wir die Bedrohungen sehen, handeln wir nicht. Immer noch nicht. Wissenschaftler:innen nennen das »mind-behaviour-gap«, die »Bewusstseins-Verhaltens-Lücke«. Wir schieben die Verantwortung zu den Reichen, zur Wirtschaft, zur Politik, zu den Amerikanern und den Chinesen. Das ist einfach und fühlt sich auch richtig an, denn die Genannten sind ja auch mitverantwortlich. Aber wenn viele für ein Problem verantwortlich sind, übernimmt niemand mehr Verantwortung. Soll doch der oder die jeweils andere anfangen.

Wir sind gefangen im »Weiter so«. Veränderung bedeutet Anstrengung. Die Macht der Routine ist groß. Auch in der Bundesregierung, den Ministerien und Behörden der Politik, in der Industrie, in unserer Kultur, unseren gesellschaftlichen Vorbildern und damit letztlich bei jeder und jedem Einzelnen. Und dann wirken noch die Beruhigungspillen aus kleinen Fortschritten: Wir haben doch jetzt fast eine Million Elektroautos, wir bauen doch jetzt wieder Windräder, und der ökologische Landbau nimmt doch auch zu.

Es reicht nicht. Wir können und müssen größer denken und handeln. Paradoxerweise müssen wir dafür kleiner anfangen. Wir brauchen einen Rahmen, den wir überschauen, wo wir unsere Wirkung spüren, wo wir uns verantwortlich fühlen. Die Angst vor der Katastrophe oder, vielleicht noch schlimmer, die Angst vor dem Kontrollverlust lähmt uns. Wie gewinnen wir Stück für Stück wieder Kontrolle und damit Zuversicht, dass wir alle wichtig sind im Kampf gegen die Klimaerhitzung? Dass es lohnt, Verantwortung zu übernehmen.

Innovation beginnt damit, dass Menschen miteinander reden, die an der gleichen Idee arbeiten.

Fangen wir bei uns selbst, auf der Bundesebene an. Bundesregierung und Bundestag übernehmen Verantwortung. Wir machen die Einhaltung der planetaren Grenzen zur Staatsräson und damit zum übergeordneten öffentlichen Interesse. Wir unterziehen alle staatlichen Ausgaben einer entsprechenden Prüfung. Wir wollen der Einhaltung der planetaren

Grenzen Verfassungsrang geben. Wir passen das Grundgesetz entsprechend an. Wir streichen sofort alle umweltschädlichen Subventionen und fördern stattdessen Innovationen für ökologisches und soziales Gleichgewicht.

Wir fördern den schnellen Ausbau von Naturenergien. Wir sorgen für schnelle Entscheidungen. Wir machen eine kommunale Wärmeplanung in ganz Deutschland verpflichtend. Wir unterstützen gemeinsam mit Ländern und Kommunen diese enorme Investition in die lokale Wirtschaft. Und dann braucht es Sie: Ingenieur:innen und Handwerker:innen, baut Wind- und Solarparks, baut Nahkraftwerke und lokale Wärmenetze. Stadtwerke, übernehmt die verantwortliche Koordination und arbeitet eng mit Bürgerräten und örtlichen Genossenschaften zusammen.

Wir bauen unsere Städte und Dörfer um, in sichere und lebenswerte Städte und Dörfer für Menschen. Wir fördern diese Veränderung mit milliardenschweren Bundesprogrammen. Und dann braucht es Sie: Alle Dezernate der Städte und Gemeinden, Verkehr und Bauen, Umwelt- und Klimaschutz, Kultur und Soziales – übernehmt Verantwortung. Die Neuerfindung der Stadt ist eine Querschnittsaufgabe. Wir brauchen dazu Straßenbauer:innen, Architekt:innen, Maurer:innen, Fliesenleger:innen, Stadtplaner:innen, Gartenbauer:innen, Bauern und Bäuerinnen, Kulturschaffende. Wir wollen unsere Städte und Dörfer grün, im Sommer kühl, einladend, kinder- und altenfreundlich, sozial, lebendig, mit echten Nachbarschaften. Bürger:innen, übernehmt Verantwortung. Mischt euch ein, und gestaltet euer Viertel mit. Für ein gutes Leben vor der Haustür. Und kauft nicht alles selbst. Teilt! Autos, Fahrräder, Cargo-Bikes, im Viertel, an Mobilstationen, aber auch Bohrmaschinen, Rasenmäher oder eben Heizungen.

Wir wollen eine Landwirtschaft, die Natur, Pflanzen und Tiere, die Biodiversität achtet. Mit unserem »Klimaland«-Programm fördern wir diese Neujustierung unserer Lebensmittelproduktion. Und dann braucht es Sie: Landwirtschaftsministerium und Bauernverband, Bauern und Bäuerinnen und Bürger:innen – arbeitet eng zusammen für eine Agrarwende. Übernehmt Verantwortung, und ändert eure Anbaumethoden. Beendet den chemischen Krieg gegen die Natur. Arbeitet mit der Natur, mit lebenden Böden, mit natürlichen Wasserkreisläufen. Arbeitet mit Menschen statt Maschinen, zu fairen Bedingungen. Nutzt euer Wissen über die Natur, und produziert Lebensmittel, die den Namen verdienen. Und nutzt euer Land für die Erzeugung von Naturenergie, werdet Klimabauern und -bäuerinnen. Und kooperiert mit euren Kolleg:innen nebenan. Vielleicht teilt ihr euer zu großes Land und bekommt damit erst eure Nachbarn. Kooperiert mit euren Kunden. Bildet lokale Netzwerke, lokale Märkte.

Wir wollen eine andere Wirtschaft. Wirtschaft soll das Gemeinwohl in den Blick nehmen und nicht nur den Profit Einzelner. Wir wollen eine wirklich soziale und ökologische Marktwirtschaft. Wir werden Arbeit weniger und Umwelt- und Naturverbrauch deutlich mehr besteuern. Wir wollen die wahren Kosten der Produkte sichtbar machen. Und wir wollen mehr Menschen beschäftigen und weniger natürliche Ressourcen verbrauchen. Und dafür braucht es Sie: Ihr Unternehmer:innen, ihr Chef:innen und Gründer:innen, fragt euch, was euer Unternehmen für die Allgemeinheit tut. Stellt euch eurer Verantwortung. Fragt euch, wie euer Unternehmen der Welt nutzen kann, ob ihr das Richtige produziert. Findet und handelt nach eurer »Sustainable Identity«. Beteiligt eure Mitarbeiter:innen am Erfolg des Unternehmens. Überprüft eure Lieferketten, behandelt alle Menschen, die mit eurem Unternehmen zu tun haben, fair. Kauft nicht billig, sondern nachhaltig.

Es ist das erklärte Ziel dieser Bundesregierung, Deutschland ab 2035 klimapositiv zu machen. Wir werden politisch alles für dieses Ziel tun, was in unserer Macht steht. Wir haben alle Mittel verfügbar. Wir wissen alles. Es liegt in unseren Händen. Und genau das macht mich zuversichtlich. Wir können es schaffen, und deshalb tut auch ihr alles, was in eurer Macht steht. Übernehmt Verantwortung genau dort, wo ihr steht. Wir stehen zu unserer Verantwortung. Unser aller Verantwortung für das gute Leben unserer Kinder. Drehen wir den Kompass unseres Landes auf nachhaltig. Es ist der Weg, der eine gute Zukunft bringt für unsere Kinder, unsere Enkelkinder, unsere Freund:innen und für uns selbst. Der Weg, der unser Land zurückbringt ins Gleichgewicht.

# DANKSAGUNG

Zuerst danke ich meiner Familie, Steffi, Leonie und Sophie, die mich wenig gesehen haben und mich oft angespannt und im Tunnel aushalten mussten. Meinen Kolleg:innen bei tippingpoints, die sich Sätze wie »In meinem Buch habe ich geschrieben …« immer wieder anhören mussten. Im Besonderen danke ich Katharina Geber und Paula Radon für die grafische Hilfe. Ich danke allen Interviewpartner:innen, die mir ihre Zeit und ihr Wissen geschenkt haben: Steve Connor, Damla Özlüer, Marian Ventura, Simonetta Lombardo, Niki Harré, Lutz Kossack, Gesa Maschkowski, Martin Pehnt, Max Peters, Katharina Reuter. Ihr habt mir sehr geholfen, Themen, bei denen ich nicht sicher war, besser zu verstehen. Sollten sich dennoch Fehler im Text finden, gehen sie auf meine Kappe. Ich danke euch für das großzügige Teilen eures Wissens und euerer Überzeugungen. Und vor allem danke ich euch dafür, dass ihr mit mir mutig in die Zukunft geblickt habt.

Ich danke allen Menschen, die ich in den letzten Jahren genervt habe mit meiner Buchidee und die mir dafür wichtige Inspirationen geliefert haben. Manche haben Teile gelesen und mir entscheidende Rückmeldungen gegeben. Ich danke für viele gute Gedanken und Unterstützung: Eva Altjohann, Katharina Bücker, Axel Friedrich, Almut Gaude, Nicole Knaup, Dagmar Köhler, Anke Oxenfarth, Stefan Rahmstorf, Stephan Rammler, Rosa Rausch, Jürgen Schmidt, Harald Schuster, Ute Symanski und Franziska Voigt.

Und ich danke allen, die mein Crowdfunding unterstützt haben. Ohne euch würde es das Buch nicht geben:

Stellvertretend für Hunderte: Andreas Abitz, Petra Cremer, Michael Frehn, Ingo Kucz, Jürgen Linde, Tobias Oberherr, Oliver Oest, Patrick Peters, Alexander Redlitz, Tim Riedel, Armin Sölch, Gabriele Sorg, Jörg Thiele.

Dank hier auch an den Verkehrsclub Deutschland, mit Carolin Ritter und dem Referat Öffentlichkeitsarbeit, die mein Buch über die Vereinskanäle beworben haben. An Albert Herresthal für die prominente Erwähnung in seinem Newsletter.

Dank auch an Johanna Schäfer für deine professionelle Unterstützung beim Crowdfunding auf der Zielgeraden.

Und nicht zuletzt danke ich Elke Rothe und Melanie Krötz für ihre wichtigen Hinweise im Lektorat, gerade weil wir nicht immer einer Meinung waren. Das gilt auch für meine Frau Steffi und vor allem meinen Schwiegervater, Johannes Eggers. Danke fürs Lesen und danke für die guten Diskussionen. Und Maike Braun vom oekom verlag danke ich dafür, dass sie an meine Idee geglaubt hat und mir immer wieder Mut machte, wenn ich zwischenzeitlich doch Zweifel hatte, ob die Welt mein Buch braucht.

# ANMERKUNGEN

1 Seite »Apollo 8«, in: Wikipedia [https://de.wikipedia.org/w/index.php?title=Apollo_8&oldid=223028543].

2 Maren Urner: Schluss mit dem täglichen Weltuntergang, Droemer Knauer 2019.

3 Malcom Gladwell: Tipping Point, 6. Aufl., Goldmann Verlag 2002.

4 Forum for the future, Reflections from Johan Rockstrom; The Future of Sustainability. Looking Back to Go Forward, Interview Jonathon Porritt mit Johan Rockström [https://www.youtube.com/watch?v=rw_DslWDlFc].

5 Vgl. Perspective daily [https://perspective-daily.de/ueber_uns#konstruktiver-journalismus].

6 Dennis Meadows/Donatella Meadows: Die Grenzen des Wachstums. Bericht des Club of Rome zur Lage der Menschheit, Deutsche Verlags-Anstalt 1972.

7 Volker Hauff (Hrsg.): Unsere gemeinsame Zukunft. Der Brundtland-Bericht der Weltkommission für Umwelt und Entwicklung. 1. Auflage, Eggenkamp 1987.

8 Cesare Dugast, Alexia Soyeux: Doing your fair share for the climate?, Carbone4, Paris 2019.

9 Samantha Bresnahan: Sixty years ago, this JFK speech launched America's race to the moon, in: cnn.com, 25.05.2021 [https://edition.cnn.com/2021/05/25/world/jfk-may-1961-moon-speech-spc-scn-intl/index.html].

10 Uwe Schneidewind: Die Große Transformation. Eine Einführung in die Kunst gesellschaftlichen Wandels (S. 42–43), Fischer Taschenbuch 2018.

11 Joseph Beuys: Reden über das eigene Land. Deutschland, München 1985, S. 33 – 52.

12 Institut des Futurs souhaitables [www.futurs-souhaitables.org].

13 Maja Göpel: The Great Mindshift, Springer Open 2016.

14 Hans Joachim Schellnhuber, Selbstverbrennung, C. Bertelsmann Verlag, 2015, S. 707.

15 Maren Urner, a. a. O., S. 38 ff.

16 Do Not Smile [www.donotsmile.com].

17 ati. unión agencias de triple impacto [https://agenciasdetripleimpacto.org].

18 IPCC: Climate Change 2022. Impacts, Adaption and Vulnerability. Summary for Policymakers [https://www.ipcc.ch/report/ar6/wg2/].

19 MCC: So schnell tickt die Uhr [https://www.mcc-berlin.net/forschung/co2-budget.html].

20 Spektrum.de, 01.04.2019.

21 Uwe Schneidewind: Die Große Transformation. Eine Einführung in die Kunst gesellschaftlichen Wandels (German Edition) (S. 122). Fischer 2018.

22 Grafik: Azote für Stockholm Resilience Centre, basierend auf Analysen in Persson et al. (Hrsg.): Outside the Safe Operating Space of the Planetary Boundary for Novel Entities, in: Environmental Science & Technology, 18.01.2022, 56, S. 1510–1521 und Steffen et al. (Hrsg.): Planetary boundaries. Guiding human development on a changing planet, in: Science (347)736, 2015.

23 Schneidewind, Uwe. Die Große Transformation: Eine Einführung in die Kunst gesellschaftlichen Wandels (German Edition) (S. 131). Fischer E-Books. Kindle-Version.

24 Schneidewind, a. a. O., S. 125 ff.

25 Karin Wullenweber: Wortfang, in: politische ökologie 01-2000.

26 IPCC, a. a. O.

27 Per Espen Stoknes: How to transform apocalypse fatigue into action on global warming [https://www.ted.com/talks/per_espen_stoknes_how_to_transform_apocalypse_fatigue_into_action_on_global_warming].

28 Oliver Burkeman: Memo Exposes Bush's New Green Strategy, in: The Guardian 04.03.2003.

29 James Powell: The Inquisition of Climate Science, New York 2012.

Oliver Burkeman und James Powell zitiert nach Martin Böhnert: Climate Thinking. Klimakrise als »Matter of Fact« oder »Matter of Concern«, in: philosophike, Kassel 2021.

30 Theater Bonn: Unsere Welt neu denken [https://www.theater-bonn.de/de/programm/unsere-welt-neu-denken/181428].

31 Nach Bruno Latour: Why has Critique run out of steam, in: Philosophike.de.

32 Vgl. dazu auch Stefan Rahmstorf/Hans Joachim Schellnhuber: Der Klimawandel, 8. Aufl. 2018, S. 80 ff.

33 Chris Vielhaus: Wer wirklich davon profitiert, wenn du über deinen $CO_2$-Fußabdruck nachdenkst [https://perspective-daily.de/article/2001-wer-wirklich-davon-profitiert-wenn-du-ueber-deinen-co2-fussabdruck-nachdenkst/tUvo8QyU].

34 Matthew Taylor/Jonathan Watts: Revealed. The 20 firms behind a third of all carbon emissions, in: theguardian.com, 09.10.2019 [https://www.theguardian.com/environment/2019/oct/09/revealed-20-firms-third-carbon-emissions].

35 Sandra Laville: Top oil firms spending millions lobbying to block climate change policies, says report, in: guardian.com, 22.03.2019 [https://www.theguardian.com/business/2019/mar/22/top-oil-firms-spending-millions-lobbying-to-block-climate-change-policies-says-report].

36 Maja Göpel: Die Welt neu denken, Ullstein Verlag 2020, S. 41.

37 George Monbiot: The secret world beneath our feet ist mind-blowing – and the key to our planet's future, in: Guardian, 07.05.2022.

38 Eckart von Hirschhausen, in: Die Zeit, 19.5.2022.

39 Umweltbundesamt: Beitrag der Landwirtschaft zu den Treibhausgas-Emissionen, 21.03.2022 [https://www.umweltbundesamt.de/daten/land-forstwirtschaft/beitrag-der-landwirtschaft-zu-den-treibhausgas#treibhausgas-emissionen-aus-der-landwirtschaft].

40 EAT-Lancet Commission Summary Report [https://eatforum.org/eat-lancet-commission/eat-lancet-commission-summary-report/].

41 Niki Harré: Psychology for a Better World, University of Auckland 2018, S. 166.

42 »Bereit sein, das eigene Weltbild zu hinterfragen«: Interview mit Maren Urner, in: WDR, 04.04.2022.

43 Richard H. Thaler/Cass R. Sunstein: Nudge, Ullstein Verlag, Berlin, 11. Aufl. 2017.

44 Thaler/Sunstein, a. a. O. S. 79 ff.

45 Thaler/Sunstein, a. a. O., S. 86.

46 Thaler/Sunstein, a. a. O., S. 87.

47 Thaler/Sunstein, a. a. O., S. 88 f.

48 Thaler/Sunstein, a. a. O., Seite 101 f., zitiert nach Schultz et al.: The constructive, destructive and reconstructive power of Social Norms, Psychological Science 18 (2007), S. 429 – 434.

49 Elisabeth Wehling, Politisches Framing. Wie sich eine Nation ihr Denken einredet und daraus Politik macht, Ullstein Taschenbuch 2018.

50 Wehling, a. a. O., S. 48, zitiert nach Kahnemann/Tversky: Choices, Values and Frames, in: American Psychologist 39(4), 1984, S. 341 – 350.

51 Daniel Kahneman: Judgement and decision making. A personal view, in: Psychological Science 2(3), 1991, S. 142 – 145.

52 Bargh/Chen/Burrows 1996, zitiert nach Wehling, S. 38.

53 Wehling, a. a. O., S. 41.

54 Wehling, a. a. O., S. 45.

55 Wehling, a. a. O., S. 52.

56 Wehling, a. a. O., S. 60.

57 Wehling, a. a. O.,S. 184 f.

58 Hans Joachim Schellnhuber: Selbstverbrennung, Bertelsmann Verlag, München 2015.

59 Wehling, a. a. O., S. 189.

60 Maren Urner: »Schluss mit Umweltschutz!«, in: Frankfurter Rundschau 09.05.2021.

61 Stefan Keller (Hrsg.): Motivation zur Verhaltensänderung. Das Transtheoretische Modell in Forschung und Praxis. Lambertus, Freiburg 1999.

62 Anja Achtziger/Peter M. Gollwitzer: Rubikonmodell der Handlungsphasen, in: Handbuch der Allgemeinen Psychologie; Veronika Brandstätter (Hrsg.): Motivation und Emotion, Göttingen 2009, S. 150 – 156.

63 Gabriele Oettingen/Nana Brink: »Innere Hindernisse überwinden« in: deutschlandfunkkultur.de, 18.08.2015 [https://www.deutschlandfunkkultur.de/lebensqualitaet-innere-hindernisse-ueberwinden-100.html]. www.woopmylife.org.

64 Matthias Horx: »Das ist ein historischer Moment«, in: Kurier, 18.03.2020 [https://kurier.at/wissen/matthias-horx-das-ist-ein-historischer-moment/400785341].

65 Marc Bartl: Trendforscher Matthias Horx. Warum Zuversicht jetzt so wichtig ist, in: kress.de, 09.04.2020 [https://kress.de/news/detail/beitrag/144914-trendforscher-matthias-horx-warum-zuversicht-jetzt-so-wichtig-ist.html].

66 Carbon4, a. a. O.

67 Grafik: Schneidewind, a. a. O., S. 170.

68 Brot für die Welt: Den eigenen Handabdruck vergrößern [https://www.brot-fuer-die-welt.de/gemeinden/handabdruck/].

69 Emma Pattee: Forget your carbon footprint. Let's talk about your climate Shadow, in: MIC, 10.12.2021 [https://www.mic.com/impact/forget-your-carbon-footprint-lets-talk-about-your-climate-shadow]; Emma Pattee, Interview: Leading Climate Scientist Katherine Hayhoe: ›You have the ability to use your voice‹, in: theguardian.com, 10.11.2021 [https://www.theguardian.com/environment/2021/nov/10/katharine-hayoe-climate-change-interview].

70 Bdew: Wärmewende [https://www.bdew.de/presse/pressemappen/waermewende/#Wie%20heizt%20Deutschland%20heute?].

71 https://www.waermewende.de/daenischewaermewende/

72 Martin Pehnt: Dringend gesucht. Ideenbooster für die Heizungsbranche, in: tagesspiegel.de [https://background.tagesspiegel.de/energie-klima/dringend-gesucht-ideenbooster-fuer-die-heizungsbranche].

73 https://kissthegroundmovie.com/

74 https://4p1000.org/

https://sdgs.un.org/partnerships/4-1000-initiative-and-its-implementation

75 Thuenen: Humus für Bodenfruchtbarkeit und Klimaschutz [https://www.thuenen.de/de/thema/boden/humus-fuer-bodenfruchtbarkeit-und-klimaschutz/].

76 Sadhguru: Was ist die größte Bedrohung für unser Leben? [https://www.youtube.com/watch?v=oOUluL8YKLk].

77 https://www.planet-wissen.de/gesellschaft/lebensmittel/fleisch/pwiemachtfleischkrank100.html

78 Bundeszentrum für Ernährung: Planetary Health Diet [https://www.bzfe.de/nachhaltiger-konsum/lagern-kochen-essen-teilen/planetary-health-diet/]; Quarks: Planetary Health Diet. So können wir mit unserer Ernährung das Klima retten [https://www.youtube.com/watch?v=WCQaM0gwsLk; www.savesoil.org].

79 Bundeszentrum für Ernährung: »Essbare Stadt« Andernach [https://www.bzfe.de/nachhaltiger-konsum/staedte-essbar-machen/essbare-stadt-andernach/].

80 Kate Raworth: Die Donut-Ökonomie. Endlich ein Wirtschaftsmodell, das den Planeten nicht zerstört, Hanser 2018.

81 Grafik: Kate Raworth and Christian Guthier/The Lancet Planetary Health; https://www.weforum.org/agenda/2017/04/the-new-economic-model-that-could-end-inequality-doughnut/

82 Zur Entstehung des Neoliberalismus siehe Chris Vielhaus: Wie aus einer radikalen Idee die einflussreichste Ideologie unserer Zeit wurde, in: Perspective Daily, 01.07.2020.

83 Stiglitz/Sen/Fitoussi: Mismeasuring our Lives, New York 2010.

84 Paul J. Crutzen: Die Geologie der Menschheit, in: Paul J. Crutzen u. a.: Das Raumschiff Erde hat keinen Notausgang, 2011, S. 7 – 10; Will Steffen/Wendy Broadgate/Lisa Deutsch et al.: Zum Entwicklungsverlauf des Anthropozäns. Die große Beschleunigung. Bundeszentrale für politische Bildung, 2016.

85 Hans Rosling: Factfulness, Ullstein Verlag, Berlin 2018.

86 Besser Gleich/Oxfam Deutschland (Hrsg.): Oxfam-Bericht zur globalen Ungleichkeit, 2019 [https://www.oxfam.de/ueber-uns/publikationen/besser-gleich-schliesst-luecke-zwischen-arm-reich].

87 Johan Rockström et al.: Planetary boundaries. Exploring the safe operating space for humanity. In: Ecology and Society 14(2): 32, 2019.

88 Kate Raworth: A Safe and Just Space for Humanity: Can We Live within the Doughnut?. Oxfam Discussion Papers, 2012 [https://www-cdn.oxfam.org/s3fs-public/file_attachments/dp-a-safe-and-just-space-for-humanity-130212-en_5.pdf].

89 Mariana Mazzacuto: Mission Economy. A Moonshot Guide to Changing Capitalism. Allen Lane, London 2021; Mariana Mazzacuto, Das Kapital des Staates. Eine andere Geschichte von Innovation und Wachstum. Kunstmann, München 2014.

90 Doughnut Economics Action Lab [https://doughnuteconomics.org].

91 O. V.: Nachhaltigkeit ist vor allem ein PR-Thema, in: kom.de, 02.02.2022 [https://www.kom.de/nachhaltigkeit-ist-vor-allem-ein-pr-thema/].

92 BNW [https://www.bnw-bundesverband.de/].

93 Kate Raworth: Die Donut-Ökonomie. Endlich ein Wirtschaftsmodell, das den Planeten nicht zerstört (German Edition) (S. 145). Carl Hanser Verlag, Kindle-Version.

94 Raworth a. a. O., S. 145 ff.

95 Interview mit Maren Urner, in: Tagesthemen, 10.05.2022 [https://www.youtube.com/watch?v=qOZovxTH7v4&t=883s].

96 Eva Horn: Der Mensch erscheint im Anthropozän, in: Deutschlandfunk, 24.05.2020 [https://www.deutschlandfunk.de/der-mensch-erscheint-im-anthropozaen-folgen-einer-neuen-100.html].

97 https://de.wikipedia.org/wiki/Erneuerbare_Energien

98 https://de.wikipedia.org/wiki/Erneuerbare_Energien

99 Maja Göpel: Unsere Welt neu denken, Ullstein Taschenbuch, Berlin 2021, S. 44.

100 Schellnhuber a. a. O., Seite 642 f.

101 Do Not Smile [www.donotsmile.com]; ati. unión agencias de triple impacto [https://agenciasdetripleimpacto.org/].

102 Schellnhuber a. a. O., S. 713.

103 Adam Corner et al.: Communications handbook for IPCC scientists, 30.01.2018 [https://climateoutreach.org/reports/ipcc-communications-handbook/].

104 Adam Corner et al.: Communications handbook for IPCC scientists, 30.01.2018 [https://climateoutreach.org/reports/ipcc-communications-handbook/].

105 James Surowiecki: The Wisdom of Crowds, Anchor Books, 2005.

106 Climate Assembly UK [https://www.climateassembly.uk/].

107 Bürgerrat Klima [https://buergerrat-klima.de/].

108 Malcolm Gladwell, a. a. O., Seite 197 ff.

109 Gene Shar/Albert Einstein Institution (Hrsg.): The Politics of Nonviolent Action, 2020; https://www.ericachenoweth.com/

110 John B. Robinson: Futures under glass. A recipe for people who hate to predict, in: Futures, vol. 22, issue 8, 1990, S. 820 – 842.

111 Do Not Smile [www.donotsmile.com]; ati. unión agencias de triple impacto [https://agenciasdetripleimpacto.org/].

112 Allianz deutscher Designer: The Oslo Manifesto [https://designerwissen.allianz-deutscher-designer.de/designerwissen/the-oslo-manifesto/]; AGD: Charta für nachhaltiges Design [https://agd.de/designer/szene/design-nachhaltigkeit/charta-fuer-nachhaltigkeit].

113 Niki Harré, a. a. O., S. 22.

114 Niki Harré, a. a. O., S. 136 ff. Siehe auch dieses Video, in dem Niki Harré die zentralen Ergebnisse von »Psychology for a better world« zusammenfasst: https://www.youtube.com/watch?v=2zExibEV_PY

115 Einige dieser Regeln stammen von meinem Kollegen Steve Connor, CEO der Agentur Creative Concern in Manchester.

## Klima geht uns alle an!

»Richtig« übers Klima zu sprechen ist gar nicht so einfach. Vor allem, wenn man zum Handeln motivieren will, egal ob in der Politik oder der Zivilgesellschaft, in Wissenschaft oder Medien. Dieses Handbuch hilft, den richtigen Kommunikationsansatz für die jeweilige Zielgruppe zu wählen, stellt Methoden vor und bietet Tipps für schwierige Situationen.

*C. Schrader, www.klimafakten.de (Hrsg.)*

**Über Klima sprechen**

Das Handbuch

416 Seiten, Klappenbroschur, vierfarbig mit Grafiken, 34 Euro

ISBN 978-3-96238-374-9

Auch als E-Book erhältlich

---

## Medien im Krisenmodus

Auch wenn die Wissenschaft seit Jahrzehnten vor dem Klimawandel warnt – die Medien verhalten sich seltsam passiv. Wie kann das sein? Die Klimakrise geht uns alle an. 28 namhafte Autor*innen erklären, warum der Klimawandel eine journalistische Herausforderung ist, und weisen Wege aus dem Kommunikationsdilemma.

*KLIMA° vor acht e.V. (Hrsg.)*

**Medien in der Klima-Krise**

272 Seiten, Broschur, 19 Euro

ISBN 978-3-96238-385-5

Auch als E-Book erhältlich